棉机织物染整大生产实例分析

宗立新　著

中国纺织出版社有限公司

内 容 提 要

本书系统介绍了棉机织物染整加工大生产全工艺流程，总结了近年来棉机织物染整新技术的应用与相关工艺。主要内容有棉机织物"投坯→前处理→染色→后整理→成品检验"全流程大生产的实例分析及在生产过程中出现质量问题的原因分析和返修方案；棉机织物的成品质量检验及判定标准。

本书可供从事棉机织物染整加工工作的技术人员及纺织院校染整专业师生参考，也可供染整企业从事棉机织物研发的科研人员、生产技术人员、管理人员与经贸人员参阅。

图书在版编目（CIP）数据

棉机织物染整大生产实例分析／宗立新著．-- 北京：中国纺织出版社有限公司，2022.12

ISBN 978-7-5180-9953-5

Ⅰ．①棉… Ⅱ．①宗… Ⅲ．①棉织物—染整 Ⅳ．①TS190.641

中国版本图书馆 CIP 数据核字（2022）第 194663 号

责任编辑：朱利锋　　责任校对：王蕙莹　　责任印制：王艳丽

中国纺织出版社有限公司出版发行

地址：北京市朝阳区百子湾东里 A407 号楼　邮政编码：100124

销售电话：010—67004422　传真：010—87155801

http://www.c-textilep.com

中国纺织出版社天猫旗舰店

官方微博 http://weibo.com/2119887771

三河市宏盛印务有限公司印刷　各地新华书店经销

2022 年 12 月第 1 版第 1 次印刷

开本：710×1000　1/16　印张：12.25

字数：183 千字　定价：68.00 元

前　言

　　纺织工业是国民经济的重要支柱之一，它不但关系到我国 14 亿人民的衣着，供应着工业、国防、交通、医疗等领域许多必需品，而且能积累大量的资金，吸收大批的劳动力，对社会主义现代化建设做出了重大的贡献。我国的纺织生产历史十分悠久，在手工业时代曾经是技术领先的行业。纺织工业现代化的重要保证之一是职工的文化和科学技术水平的普遍提高。为了满足这一需要，我们编写了《棉机织物染整大生产实例分析》，介绍棉机织物染整行业的基本情况，旨在让读者对棉机织物染整行业的过去和现在有比较系统的了解，并对发展前景有大体的印象。

　　纺织行业的专业繁多，而从业人员只能在其中一个专业中工作。不同专业相互之间往往了解不多，但是许多方面又互相启发、触类旁通。本书可帮助纺织行业人员了解与之相关的染整专业知识，以便更好地完成本职工作。书中多数内容是根据染整相关知识并结合棉机织物染整大生产实际编写，理论性与实用性充分结合，内容较完整、翔实，有良好的系统性，简单明了，易学易懂。

　　本书最后附有主要参考文献，以尊重原作者的辛勤劳动，在此一并对相关作者表示衷心感谢。

　　由于作者水平所限，加上行业发展速度突飞猛进，新材料、新技术、新方法、新设备层出不穷，书中难免存在不足之处，欢迎读者批评指正。

作者

2022 年 9 月

目　录

第一章

绪论

近年来，随着人们消费水平和生活质量的提高，人们把穿着的舒适性摆在了选购衣料时的首要位置。我国纺织品行业处于稳步上升阶段，特别是消费市场得到迅猛发展。与之相关联的纺织染整行业也在跟随市场需求而发生着深刻的变化。对面料的功能性要求给纺织印染行业的从业人员提出了许多新的课题。棉机（梭）织物染整的发展方向，就是要逐步满足人们对棉机织面料的各项功能性要求，正如习近平总书记所强调的，人民群众对美好生活的向往就是我们的奋斗目标。

棉机织物是以棉纤维为主要材料，在织机上由经纱和纬纱按照一定的规律纵横相互交织而形成的机织类纺织物。棉机织物染整是指对棉机织物进行前处理、染色、印花和后整理的主要工艺过程。如图1-1所示，机织物属于纺织品织造四大门类中的一种。棉机织物产品是目前使用最广泛的纺织物之一，棉机织物产品对适应国内市场需求和出口创汇起着巨大的作用，并且得到飞速发展。

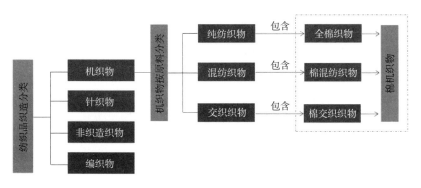

图1-1　织物分类

从棉机织物的织造方式来看，主要是交织或混纺，通过选用纱支的粗细，调整织物的经纬密度来控制棉机织物的厚薄以及透气性能。工厂常用的高支高密纯棉织物已由原来的 40S❶×40S 133 根/英寸×72 根/英寸、60S×60S 133 根/英寸×100 根/英寸平纹织物演变到 80S×80S 173 根/英寸×156 根/英寸、40S×21S 176 根/英寸×88 根/英寸左斜纹等品种。另外，弹力布也逐步成为棉机织物的主导产品，如常用的 21S×（21S+70D）100 根/英寸×72 根/英寸、16S×（21S+70D）71 根/英寸×58 根/英寸、16S×（16S+70D）81 根/英寸×46 根/英寸、32S×（32S+40D）130 根/英寸×78 根/英寸，55%棉和 45%人棉混纺的 30S×21S 112 根/英寸×70 根/英寸、40S×（40S+40D）96 根/英寸×72 根/英寸，全棉双经双纬帆布 21S×21S+16S×16S 120 根/英寸×63 根/英寸，全棉牛津纺帆布(40S+40S)×21S/2 86 根/英寸×50 根/英寸，等等。

对于纱支和经纬密以及弹力要求各不相同的棉机织物，其染整加工工艺有很大差别。棉机织物的染整历史悠久，相传，我国远在黄帝时代便能染五色衣裳。很早就有采集植物作染色之用的记载和描写。在 19 世纪中叶以前，棉机织物的染整都是采用天然染料和助剂，主要利用植物的根、茎、叶、果实的浸出液进行染色，还有一些染料来自动物以及某些来自矿物的无机颜料也可染得颜色。一直到 19 世纪中叶以后，合成染料开始出现，不断取代常用的植物染料，而且新的品种不断增加。品种的繁多，一方面反映出各方面生产发展的需要，另一方面是染料厂根据各自的特点或不受专利限制而各自发展的结果。近几十年来，染料助剂各类产品不断更新，生产过程中的质量检验和产品的加工技术有了很大的进步。当今全世界注重环保的形势下，染整加工中减少环境污染，避免及禁用致癌物质的使用是染化料工业和染整企业的重点研究课题之一。

现代人穿衣遵循的原则是安全、环保、舒适，如何做到安全环保，棉机织物染整从染化料上必须着手筛选，从甲醛、偶氮染料、pH 以及重金属含量是否超标等各项指标上把关。再针对这些安全、环保的染化料进行棉机织物的各项染整加工试验，选择最优方案。

---

❶ "S"表示英制支数，对于纯棉纱线，它和线密度 Tt 的换算关系是：Tt=583.1/英制支数。

棉机织物染整的发展方向是根据其使用要求而变化的。首先是绿色环保，这是染整行业发展的前提。为了满足面料的绿色环保要求，染化料的初步筛选工作以及成品的各项检测工作都要紧跟步伐，这也是棉机织物染整良性发展的前提。其次是舒适性，织物的外观、硬挺度、手感、排汗透气性能以及色泽的选择，都需要从实际出发，全方位研究，各个击破，把穿着舒适性做到极致。最后是棉与其他纤维混纺织物的染整，为了追求外观和手感以及排汗透气性能的有机结合，常会把棉纤维与人棉、莫代尔、涤纶等纤维混纺后再织成布，这也是染整工艺技术人员研究的方向。做好工艺设计，保全棉与其他纤维混纺织物的特性，无论是前处理、染色，还是后整理等，都要做好以工艺设计为核心、以设备为基础、以操作为保证的三项基础管理工作。

第一节 棉机织物染整行业发展现状、问题及未来发展趋势

一、棉机织物染整行业发展现状

目前，在各类棉机织物染整以及加工印染前的常规工艺实践操作中，常用的印化料助剂通常是强碱、酶、双氧水等和其他多种易于有效组合运用的工艺助剂。主要是根据原料品种、质量特性而灵活配合选用。

1. 冷轧堆前处理工艺

随着现代工业中节能环保及减排要求不断提升，冷轧堆前处理工艺越来越受得各企业广泛关注、推广和应用。但其物料的出液量、均匀性，以及对化学品浓度的要求和精度控制等要求比较高。尽管该工艺能够达到节能减排的目的，但在丝光等精细加工方面尚未有重大创新突破。

2. 双氧水的活化剂开发与应用

在过去，常规工艺和生产应用中大多采用双氧水为汽蒸源进行漂白。近年来，由于我国化学固体废物处理，对有机危险化学品废弃物处理和对化工生活

污水处理的要求越来越加强，给机械处理和整理提供了发展空间。特别是随着冷轧堆前处理工艺的广泛应用，未来将有很大可能继续促进双氧水的开发与应用。

3. 生物酶的应用

目前，可广泛应用于棉织物染色的辅助生物酶制剂有很多，主要包括淀粉酶、果胶酶、纤维素酶、蛋白酶、脂肪酶、过氧化氢分解酶的抑制剂等。按有关部门试验研究得出的结论排序依次是：果胶酶、纤维素酶、淀粉酶三者最为简单、稳定而有效；蛋白酶和脂肪酶试验效果不是很好，需要企业进一步研发其他新的酶种。

4. 助剂的应用

全国各地企业相继开始研究与使用适应短流程前处理工艺的新型环保助剂。比如，具有优良乳化分散作用的高效优质的精练混合剂。该混合剂可在中、低温环境下体现出极强的渗透力，且具有耐浓碱和保氧力的特点，此外，还具有较强的生物降解性。

5. 短流程处理的新进展

微波低温等离子水前处理技术是当前一项比较新的技术，目前在世界上应用比较广泛。该技术的最大特点是能够很好地改善水生态环境，有利于开展漂白处理技术新工艺，也可以使用最新漂白剂等世界先进工艺。

二、棉机织物染整行业存在的问题

当前，不论是中国还是欧美等发达国家，对纯棉织物原料的纺织前加工，在处理方式及工艺上都是极力主张采用高温强碱操作为主线的生物化学方法。这种处理工艺不仅大量消耗工业能源，还会反复释放大量有毒物质。对此，有些发达国家一度提出通过采用生物酶技术进行大规模纯棉织物产品染整作业。在国内，近年来不少企业已陆续着手试验探索开发这一新生物技术。但从目前调研了解到的情况看，该技术大规模推广使用还存在不小的掣肘，主要有以下三个方面。

（1）该技术的毛效牢固度达不到传统织物印花工艺水平，特别是在制作中高端高密织物或厚重织物时，其印花效果不佳。

（2）对棉籽壳、蜡质纤维等杂质不能完全去尽。

（3）由于生产工艺技术条件的多变，目前还难以从中直接找到最适合的"万能"标准来规定各种相关生产工艺技术、材料品种和设备。

三、棉机织物染整行业未来发展趋势

随着印染行业的发展，科技创新与减少生产成本已经成为产业发展的主要方向，且随着人们环保意识的增强与政策的约束，绿色、环保无疑成为印染助剂发展的重要趋势。因此棉机织物染整业必须向清洁化、短期化、精细化、高端化迈进。

1. 加强前处理工艺条件的优化工作

棉机织物染整企业从业人员和研究人员必须充分认识到前处理在棉机织物染整加工中的重要性，要加强前处理工艺条件的优化工作。目前碱氧一浴的短流程工艺在前处理工艺中仍占主要地位，其工艺的优化，尤其是碱氧的合理用量可采用中心旋转法来确定。

2. 前处理工艺必须实现也必将实现清洁生产

当前迫切需要通过研究采用新型生物酶工艺逐步替代目前所采用的含液和带液氯工艺。目前，这些专一酶的生产技术主要集中在诺维信、杰能科、汽巴精化和拜耳等几家国际大公司。其研究开发方向更加侧重于新型酶助剂、复配酶制剂、复合酶活性的控制调节。当前，世界范围内各企业各部门急需高度重视棉籽壳、麻皮、PVA浆料，加快解决其染整过程中使用更高效高质的漂白用酶制剂。

3. 短流程前处理的新工艺、新技术及新设备的综合开发应用

印染行业前处理各工序产生的实际能耗一般占其总能耗的70%左右。因此必须充分重视各种新技术、新工艺方法的引进、开发及其应用，如低温等离子体技术、超声波技术、电解技术等。这些漂白新技术均能大幅节水降耗。要通过开发或应用其他新型高效漂白剂逐步替代原来传统、单一的漂白生产工艺，为促进清洁生产打基础。

4. 助剂和设备的发展必须与工艺同步

从当前产业发展现状看，生物技术是最受国际、国内市场欢迎的印染助剂技术之一。该技术既能提高印染助剂的性能，也可减少对环境造成的污染。此外，纳米技术、缓释技术、生物技术在当前市场上广泛运用，应重点予以推广。同时，还要重点关注新型有机硅产品、涂料染色助剂等新技术、新材料的研发与应用。

5. 注重合成技术和复配增效技术并重

在纺织染助剂发展中，复配增效技术在纺织业中一直发挥着重要作用，扮演着不可替代的重要角色。甚至可以说，在今后依然会是产品研发和改进的有效手段。同时，合成技术在纺织印染助剂企业中应用也有一定岁月，并且现在已越来越成熟，受到更多企业的青睐和重视，未来必将是企业个性化、创新化的核心。所以，纺织印染助剂企业在研发、改进新产品时，不可孤注一掷、偏爱一方，应注重合成技术和复配增效技术并重，方可走得更快、更好、更远。

第二节 棉机织物染整大生产流程

根据 ERP 系统在染整企业中的应用，现将棉机织物染整大生产具体流程介绍如下。

一、经营部与客户签订加工合同（图1-2）

（1）明确工厂生产加工单号。

（2）确定织物品种、成分，坯布组织规格及幅宽，成品布组织规格及成品幅宽，交货方式、交货日期、批号、结算方式、经营方式。

（3）确定勾选加工项目，如烧毛、冷堆、退浆、精练、漂白、丝光、轧染、卷染、烧毛、涂料、焙烘、加软、定形、打卷、磨毛、抓毛、拍打、预定形、缩水等。

客户委托加工合同

生产加工单号：　　　　　　　　　客户名称：　　　　　　　客户单号：

织物品种	编码		组织规格	幅宽	交货方式	
	成品				交货日期	
	坯布				坯　号	
	成分			经营方式	结算方式	

加工项目	烧毛	品质要求					
	冷堆						
	精练	磨抓要求			对色光源		
	漂白	缩水要求			成品克重		
	丝光	特殊整理			船　样		
	轧染	pH值要求			成检标准		
	卷染	手感要求			面料用途		
	食毛	定条份数		标签	成衣洗水		
	涂料	包装要求					
	焙烘	备注					
	加软						
	定形						
	打大卷						
	磨毛						
	抓毛						
	拍打						
	预定形						
	磨雪花绒						
	缩水						

颜色		排坯数	要货数	损耗	小样确认	色牢度（国标）				标识
中文	英文					干擦	湿擦	沾色	变色	日晒	
合计										

合同条款：

委托方：　　　　　　　　　　　　　　加工方：
代表签名（盖章）：　　　　　　　　　代表签名（盖章）：
日期：　　　　　　　　　　　　　　　日期：

业务员：　　　　　　制单：　　　　　　　　　　日期：

图 1-2　棉机织物的客户委托加工合同

（4）商定品质要求。抓磨毛要求（如碳素磨毛按来样加工）、对色光源（如日光灯）、缩水要求（如经 3%～4%，纬 8%～10%，普洗）、成品克重（如洗前 350g/m²）、特殊整理、头缸样板（一般 10m）、pH 值要求（4～7.5）、成品检验标准、手感要求（如按样加工或返单大货）、面料用途、疋条份数（2份）、标签（如中性）、成衣洗水（如普洗或酵洗）、包装要求（如按米计，胶袋包封）等。

（5）在备注栏目注明以下项目。

①用坯情况。

②幅宽及缩水率一定要稳定，控制好中边及头尾，布面不能有皱条。

③成品打卷足米，不开剪，成品打卷剪两块 60cm 洗水样。

（6）注明颜色（中英文）、排坯数、要货数、加工单价、损耗、小样色号确认、色牢度要求（如按国标测试耐干摩、耐湿摩、沾色、变色、耐日晒）。

（7）合同条款的约定。

①本厂对坯布负责在投产前抽验及加工过程发现问题及时知会客户。

②磨毛等产品经发外加工而产生的疵点由客户负责，如客户要求不做加软项目，则不保证撕破强力达国标。

③有关品质投诉，需于出货后一周内提出，未经知会本厂确认，一经开裁本厂概不负责。

④客户未按时支付加工费，财务会禁止出货。

⑤如因客户提供半成品或色布加工所出现的质量问题由客户负责。如生产过程中出现严重卷边，本厂有权停止加工。

⑥客户坯布进仓不得超过 6 个月，如超期不下单的，所造成的一切问题由客户负责。

⑦客户成品进仓不得超过 2 个月，如超期不出货的，所造成的一切问题有客户负责。

⑧合同双方签名盖章回传确认，合同生效。

二、 根据加工合同制成生产通知单并在 ERP 系统中显示

ERP 系统中严格按照客户委托加工合同要求制成生产通知单，其具体内容与加工合同一致。

三、 前处理车间根据生产通知单打出生产流程卡（图1-3），开始投坯做前处理

<table>
<tr><td colspan="9" align="center">**生产流程卡**</td><td colspan="2">条形码编号</td></tr>
<tr><td colspan="4">合同编号：</td><td colspan="3">颜色：</td><td colspan="4"></td></tr>
<tr><td colspan="4">客户：</td><td colspan="3">客户编号：</td><td colspan="4">开卡日期：</td></tr>
<tr><td colspan="2">织物品种</td><td colspan="4">组织规格</td><td colspan="2">幅宽</td><td>坯源</td><td></td></tr>
<tr><td></td><td>成品</td><td colspan="4"></td><td colspan="2"></td><td>坯号</td><td></td></tr>
<tr><td></td><td>坯布</td><td colspan="4"></td><td colspan="2"></td><td>交货日期</td><td></td></tr>
<tr><td></td><td>成分</td><td colspan="4"></td><td colspan="2"></td><td>下单日期</td><td></td></tr>
<tr>
<td rowspan="10">品质要求</td>
<td colspan="3">磨抓要求：
缩水要求：
特殊整理：
pH值：
拉斜要求：
环保要求：
手感要求：
疋条要求：
包装要求：</td>
<td colspan="3">对色光源：
对色顺逆：
船样疋条：
成品检验标准：
面料用途：
成衣洗水：
标签：</td>
<td colspan="4">总排坯

单色排坯

单色成品

本单 总箱数 / 箱号</td>
</tr>
<tr><td colspan="3">特别备注</td><td colspan="3"></td><td colspan="4">单色分箱数</td></tr>
<tr><td>工序</td><td>班别/机台</td><td>数量</td><td>幅宽</td><td>车号</td><td colspan="2">注意事项</td><td>月</td><td>日</td><td>操作人</td></tr>
<tr><td>配布</td><td></td><td></td><td></td><td></td><td colspan="2"></td><td></td><td></td><td></td></tr>
<tr><td>车缝</td><td></td><td></td><td></td><td></td><td colspan="2"></td><td></td><td></td><td></td></tr>
<tr><td>……</td><td></td><td></td><td></td><td></td><td colspan="2"></td><td></td><td></td><td></td></tr>
<tr><td>加软定形</td><td></td><td></td><td></td><td></td><td colspan="2"></td><td></td><td></td><td></td></tr>
<tr><td>缩水</td><td></td><td></td><td></td><td></td><td colspan="2"></td><td></td><td></td><td></td></tr>
<tr><td>成品</td><td></td><td></td><td></td><td></td><td colspan="2"></td><td></td><td></td><td></td></tr>
<tr><td>备注</td><td colspan="9"></td></tr>
<tr><td colspan="10" align="right">制卡人：</td></tr>
</table>

图1-3 棉机织物的生产流程卡

（1）根据生产通知单号注明的坯号和要求，分颜色和数量，开始排布→车缝。

（2）根据工艺员设计的工艺路线进行烧毛→冷堆→退浆→煮漂→预定形→丝光→抓、磨毛等，将做好的半制品送中转站入账。

四、 轧染车间或卷染车间按生产通知单的要求去中转站领布染色

（1）轧染根据机台灵活安排深、中、浅色以及选择还原染料、活性染料轧染染色的生产。

（2）卷染要按生产流程卡规定的颜色、数量进行打卷缝头，再根据卷染机的性能以及深、中、浅色机台来灵活安排卷染染色，染好后烘干。

（3）所有染好的布，对好色光、检查布面无问题后交付给后整理车间。

五、后整理车间按生产通知单的要求，进行后整理生产

（1）加软定形，根据手感、幅宽、拉斜、纬向缩水等工艺要求，确定好加软定形的工艺及处方。

（2）按生产通知单上规定的特殊整理或拍打整理要求，制订工艺进行加工。

（3）根据经向要求，制订缩水工艺进行加工。

六、成品检验及包装入库

（1）按标准进行成品检验及打卷、包装。

（2）出具成品验布报告，并判定成品是否合格。

（3）分好疋条落色后，确认无严重头尾、中边色差，落实皱条、粒头、破洞等疵病，可入库，并送样检测中心。

（4）检测中心出具成品布内在质量检测报告，合格后，方能发货。

七、成品布出库及运输

（1）业务员与客户联系，确定进仓成品布的出货时间、收货地点。

（2）成品布的运输原则上要求用厢式货车，避免淋湿或暴晒。

第三节 棉机织物大生产染整工艺的设计

棉机织物大生产染整工艺的设计，要从试样布的生产管理开始，所有试样布都以生产通知单形式下达生产指令。生产通知单上注明试样和试样所用坯布在何处获取，所有试样布在各生产流程线上都必须优先安排。建立试样布工序交接登记簿，由各工序班长以上管理人员进行对口交接，接收人在登记簿上签名接收。若试样布为化验室打色样用，由最后完成工艺流程的生产工序负责人交付到化验室，由化验室负责人负责签收，并在打色样后送达客户。若试样布为成品大样，无论是搭染还是专染，按正常流程进成品仓库，包括按常规留样。成品后的样布交付由成品检验带班人员及以上管理人员执行，成品仓仓管员负责签收；不需要进成品工序的试样布则由最后一道工艺流程的工序负责人交送到成品仓库。

试样布的工艺流程资料及工艺数据管理是棉机织物大生产染整工艺设计的基础和前提。各工序班长及以上管理人员（含对色工艺员）负责跟踪本工序的工艺执行情况及质量情况，负责填写生产流程卡并交工序主管审核签字，与试样布一起与下工序对口交接。各生产工序的工艺留样卡、成品检验留样卡按常规生产程序保存。各生产工序主管负责核查验证本工序工艺执行效果，每个样板必须由工序主管进行质量审核，在流程卡上签字后方可交付下一工序，负责和上、下工序沟通协调，负责将工艺流程及参数（含修改）输入 ERP 系统，成品仓库负责单独保存试样布的生产流程卡，必要时交生产技术主管等管理人员核查。

棉机织物大生产染整工艺设计的管理制度规定了工艺设计和控制的管理职责、程序、方法和要求。工艺设计及其工艺文件，要符合完整性、正确性和统一性的"三性"原则，不断提高工作质量和大生产的一次成功率，提高产品质量，满足顾客要求及环境管理要求。

化验室、前处理、染色、后整理工序主管是工艺设计和控制的责任人，根据市场要求，参照国际、国家产品标准和与染整有关的技术标准，起草《棉机织物染整工艺设计技术标准》，作为大生产工艺设计的依据。化验室试样员，前处理、染色、后整理工艺员或领班负责根据生产通知单和工艺技术标准要求，编制工艺指令单等工艺文件，化验室、前处理、染色、后整理主管负责对本部门工艺设计文件的审批工作，各工序领班负责根据工艺设计文件的要求组织工艺试验及生产安排，各生产工序负责本工序工艺设计文件的整理、建档和保存工作。

工艺设计和控制的工作内容包括：起草工艺技术标准，经验证和批准后作为工艺设计的依据，掌握顾客的坯布情况及设计意图，并在分析的基础上进行工艺流程设计，进行单元工序工艺设计，编制各工序的工艺参数和要求，进行小试，必要时进行中试，验证工艺流程和工艺参数的实际效果。根据生产验证的结果，编写正式的工艺处方单或工艺指令单移交大生产。

一、产品手感小样工艺设计和验证

产品手感小样工艺设计和验证程序见表1-1。

表1-1　产品手感小样工艺设计和验证程序

序号	责任工序/人员	工作内容	产品的文件和记录
1	化验室/试样工艺员	a. 接收坯布样布，记录客户要求（一般有手感、缩水率、幅宽、颜色风格和布面效果等）并留取坯布样，根据客户坯布和要求确定工艺流程方案，若客户提供坯布纤维成分不清晰，应分析后再确定工艺流程方案	试样布工艺流程
		b. 选择生产中符合要求的烧毛、退煮漂、丝光、预定形等前处理工艺，并将各工序工艺参数记录在试样本上	前处理工序工艺参数
2	前处理/试样工艺员	a. 试样工艺员将选择的前处理工艺及参数交前处理主管审批 b. 主管审核后，试样工艺员选择合适的大生产机台跟踪搭做，并做好工艺质量的跟踪记录	前处理工艺跟踪记录

续表

序号	责任工序/人员	工作内容	产品的文件和记录
3	染色工序/试样工艺员	试样工艺员按照客户的颜色要求和染色方法要求，选择合适的卷染或轧染方法，做好跟踪记录	搭染记录
4	后整理工序/试样工艺员/后整理主管	试样工艺员根据客户的要求选择恰当的后整理工艺流程和工艺参数（在试样本上做记录），经后整理主管批准后由大生产机台搭做，并跟踪和记录工艺质量情况	后整理工艺记录 后整理工艺跟踪记录

二、新品种大样（头批大生产）工艺设计开发

新品种大样（头批大生产）工艺设计开发程序见表1-2。

表1-2 新品种大样（头批大生产）工艺设计开发程序

序号	责任工序/人员	工作内容	产品的文件和记录
1	化验室/试样员	a. 客户来样要求化验室仿样，客户送坯布要求化验室任意打样或客户选样	客户打样通知单
		b. 试样员根据客户的颜色要求和产品质量要求以及坯布状况，参照以往的染色工艺，选择轧染或卷染的中样配伍和染色工艺，填写在打板记录卡上	打板记录卡
2	化验室/主管	试样员将新选的中样配伍和染色工艺交化验室，主管审批同意后（不同意则提出合适方案）在打板记录卡上签名	审批的打板记录卡
3	化验室/试样员	按照化验室打板操作规程打样，直至符合客户要求	试样处方 试样小样
4	化验室/主管、辅助工	打好的试样经化验室主管审核确认后，由辅助工按规定的尺寸剪样，并粘贴在色板卡上，给客户确认	色板卡

三、新品种大生产工艺设计开发

根据客户选中的小样落单，在正式生产前，生产车间要进行大生产试验，以进一步证实所设计的工艺能否满足产品技术和质量要求，其工作程序见表1-3。

表1-3　新品种大生产工艺设计开发程序

序号	责任工序/人员	工作内容	产品的文件和记录
1	跟单组/责任跟单员	客户根据选中的样品发传真件，跟单组接收，并将客户传真件内容转化为生产通知单之后交生产主管审单	客户传真件 生产通知单
2	生产工序/主管，跟单组/责任跟单员	生产主管根据客户要求和现有生产能力、技术质量能力状况，进行分析审核，在生产通知单上签字	批准的生产通知单
3	坯检/检验员	检验员根据生产次序安排，按照坯布标准和坯布检验作业指导书要求实施检验，填写坯布检验报告，分别交给前处理工序生产办公室和跟单组各一份，自留一份	坯布检验报告 搭染记录
4	前处理/工艺员、主管	a. 前处理工艺员根据坯布状况和前期的小样工艺试验记录，选择不同的试验或生产工艺。如果大生产坯布同前期小样工艺试验时的坯布不一致，要重新试样；如果大生产坯布同前期小样工艺试验时的坯布一致，则可参照小样工艺直接制订大生产工艺，填写前处理工序工艺指令单，经前处理主管批准后方可组织生产 b. 前处理工艺员要做好各工序的生产、工艺、质量的跟踪工作，及时检测各工序的工艺参数和落布的质量特性参数，并记录在生产流程卡背面的"工序记录/质量记录"表格内，发现上一道工序的工艺质量问题及时调整下一道的工艺，并经前处理主管批准后，继续跟踪下一道的大生产，以此类推，直至半制品的质量符合要求，交付染色工序，同时剪样，做好标识，交付化验室复样	在制品_____ 工序交付单

续表

序号	责任工序/人员	工作内容	产品的文件和记录
5	化验室/复样员、主管	化验室复样员接到新品种复样半制品布后，查找前期该品种的染色试样处方，按照小样试样的染色方法（轧染或卷染）进行复样，复样完毕后填写工艺处方单，经化验室主管审核后交付车间生产	工艺处方单
6	轧染染色/对色工艺员→轧染主管→对色工艺员→机长	a. 对色工艺员接过化验室开出的染色处方单后，根据化验室和大生产的差异规律调整程序设计，领料、化料，实施来样的大机打板工作，通过1~2次的处方调整的打板工作后形成色光准确的大生产处方，开具轧染工艺指令单，经轧染主管审批后进行大生产 b. 大生产时，对色工艺员配合机长做好中、边颜色的控制工作，确保中、边颜色无色差，同时做好领料、化料、上料、温度、车速等工艺执行情况的监督和记录工作，以及做好落布布面质量检查工作	轧染工艺指令单
7	卷染染色/对色工艺员、机长	卷染对色工艺员接到化验室开出的染色处方单后，直接开领料单领料、化料，组织生产。若染后不对样，由对色工艺员开加料处方，调整色光，确保大生产染色样符合要求	卷染工艺指令单
8	后整理工序/工艺员、后整理主管	a. 后整理工艺员依据前期的后整理小样工艺试验记录以及染色后布样的试验记录情况（如缩水试验情况），选择来样做大生产试验样板或直接选择制订大生产工艺进行生产，大生产工艺要经后整理主管批准后才能大生产 b. 后整理工艺员要做好各工序的生产、工艺质量的跟踪工作，及时检测各工序的工艺参数，以及落布的质量和数量，并记录在生产流程卡上。发现上道工序的工艺质量问题及时调整下一道的工艺，并经后整理主管批准后，继续跟踪下一道的大生产，以此类推，直至成品质量满足客户要求	后整理工艺指令单

四、老品种工艺设计和验证

1. 前处理工艺设计

①凡老品种生产，一律由前处理工艺员按原生产工艺开前处理生产指令单，可不经审批直接交付车间生产。

②各生产班长、机长做好工艺质量的监控工作，发现问题及时报告前处理当班班长解决。

2. 化验室试样、复样

①老品种新色号的试样，其试样的染料配伍和染色工艺一律由试样员按原工艺和染料配伍进行试样，试样达标及化验室主管确认后，剪贴样送客户认可。

②老品种的复样，由复样员直接按原试样工艺复样，复样达标后，由化验室主管审核后交付大生产。

3. 轧染工艺设计

①凡老品种新色号，工艺员按化验室开出的染色处方单根据大生产规律调整程序设计，开轧染工艺指令单，领料、化料，实施来样的大机打板工作，色样复合要求后，工艺员通知机长开机进行大生产。

②凡老品种老色号，一律由对色工艺员按原工艺开轧染工艺指令单，可不经审批直接进行大生产。

4. 卷染工艺设计

①凡老品种新色号，工艺员按化验室开出的染色处方单根据大生产实际情况，开出卷染工艺指令单，领料、化料，通知机长开机进行大生产。

②凡老品种老色号，一律由对色工艺员按原工艺开卷染工序工艺指令单(必要时由化验室复样后再开单生产)，可不经审批直接进行大生产。

5. 后整理工艺设计

①凡老品种生产，一律由后整理工艺员按原生产工艺开后整理工序工艺指令单，可不经审批直接交付车间生产。

②客户对加工产品有特殊要求时，生产技术负责人召集相关工艺主管协商确定生产工艺。

所有的工艺处方单、工艺指令单等工艺文件由各工序人员负责定期分类存档，已成熟的试样工艺参数由责任工序的工艺主管及时编进相应的技术标准中，以便今后新品种、新工艺开发的参照使用。

第四节 棉机织物染整大生产过程中质量疵病、产生原因、预防及处理方案设计

在棉机织物染整大生产过程中，前后要经过十几道工序，才能进成品仓库，其中任何一道工序出现问题，就会产生质量疵病，而成为异常品种需要返修。结合染整工厂的实际，这里总结了前处理→染色（轧染、卷染）→后整理→成品检验几大工序，在棉机织物染整大生产过程中容易出现的各种质量疵病以及造成这些质量疵病的原因，包括工艺设计、设备、操作三方面的原因分析，预防这些质量疵病的纠正措施，以及产生这些质量疵病后返修方案的设计。

一、前处理工序（表1-4）

表1-4 前处理工序质量疵病、产生原因、预防及处理方案

质量疵病	产生原因	预防及处理方案
皱条	操作不当，造成失误	1. 加强现场管理，制订合理的奖罚制度 2. 强化工人的操作能力 3. 缝头规定包三角，减少爆口皱折
	易卷皱品种工艺设计不合理	1. 制订合理的工艺流程，并且全公司明朗化 2. 特殊品种需建立攻关组，并做好先锋试样

续表

质量疵病	产生原因	预防及处理方案
擦伤	1. 机械设备性能受损，造成压或擦伤布面 2. 导辊长期运转而清洁不够，造成摩擦力大而伤布	1. 制订合理的维护保养制度，让受损的机台有缓和性 2. 前处理丝光机进布处是摩擦最大的地方，建议改造成转动辊的形式增大张力，去除摩擦辊式张力，从而减少摩擦，消除擦伤
条花	1. 烧毛不匀，造成烧毛条花 2. 皱伤条花	全面清洁火口排、输油管，另购新火口排，淘汰修不好的旧火口排
破洞	1. 过重的工艺，使织物强力受损 2. 皱伤条花	1. 用柔和的煮练、氧漂工艺，使布强力不产生过量的损伤 2. 发现坯布有问题，及时刹车。设法处理好，并及时与客户沟通
落色、中边色	1. 工艺设计不当 2. 工艺上车操作不平稳 3. 轧车的质量差	1. 规定合理的化料操作，减少化料误差 2. 进行"温度"监控，浓度每 30min 抽测一次 3. 工艺上采用重煮轻漂配方，使布能煮透，从而使织物煮漂均匀、毛效好、得色率一致 4. 丝光时，采用饱和丝光，减少因丝光后的布钡值不一致而产生落色和中、边色差 5. 丝光机的洗水性能要提高，要求淋吸彻底，增加过酸中和装置
三污、水渍类	1. 操作不当，造成拖污、沾污 2. 水点滴到布里	1. 加强现场管理，要求所有工序布头不能落地，必须铺毡布 2. 半制品用布罩罩好

二、染色工序

1. 轧染工序（表 1-5）

表 1-5 轧染工序质量疵病、产生原因、预防及处理方案

质量疵病	产生原因	预防及处理方案
中、边色差	1. 来坯中、边白度不匀，pH 值、磨毛度和毛效不匀 2. 活性料染敏感色配伍性差 3. 烘燥过急，染料泳移 4. 均匀轧车调整不到位 5. 料槽放料不匀 6. 蒸汽压力低，发色不充分 7. 耐皂洗色牢度不够，浮色过多	1. 勤查来布质量，有问题及时返回前工序回修 2. 尽量选择还原料染敏感色 3. 清洁机台，慢速低温，多加防泳移剂 4. 结合经验，尽量调整到位 5. 放料时一定要用喷淋管，不能一边放料 6. 蒸汽压力一定要保持 U 型管 5~6 格，蒸箱两侧不漏汽 7. 皂洗温度保持 85℃ 以上，溢流要充分 8. 若有中、边色差，只能退浅或剥色重染，或改染深色
皱条	1. 缝头不够平、齐、牢、直 2. 严重纬斜 3. 幅宽不够，轧液收缩或涨幅，产生轧皱 4. 布边不良，易卷边 5. 机台不清洁 6. 导辊不水平，轧车压力不匀，张力太大或太小 7. 丝光后水洗或烘干有皱，经拉幅拉平，染色时重新起皱	1. 勤查缝头质量，一定要保证平、齐、牢、直，否则重缝 2. 缝头时一定要排布，不得裁布，有严重纬斜时要整斜处理 3. 拉幅至比浸水后幅宽宽 3~5cm 4. 优选工艺，保证前处理时不起皱、不卷边，染色时缝头处多打竹夹 5. 清洁机台、轧车，导辊上不能有污物、线头等杂物 6. 勤查设备状况，一定要保证设备正常运转 7. 丝光后有皱应重新丝光，保证无皱条才能交付下道工序 8. 如有皱条，则必须剥色，重新拉幅丝光，重染

续表

质量疵病	产生原因	预防及处理方案
色渍、污渍	1. 机台不清洁 2. 落布箱不干净 3. 灰尘沾污	1. 生产浅、鲜色时，一定要保证机台清洁 2. 落布箱一定要干净、干燥 3. 下机布一定要干燥，落布后一定要罩好布罩 4. 若有色渍、污渍，只能重新清洗或改染深色
色点、料点	1. 机台不清洁，特别是风道等难做清洁处理 2. 料液未过滤 3. 料液泡沫过多 4. 预烘室导辊不转，产生刮料点	1. 生产前清洁机器后，用空压管吹风道，并安排中间色过渡，不能深色染完直接染浅色 2. 所有料液必须搅拌均匀，再过滤入缸，不得干粉下缸化料 3. 泡沫多时应使用少许消泡剂或保证料槽液少许溢流以去除泡沫，防止料泡渍 4. 勤查设备状况，保证设备运转正常 5. 有色点、料点，只能退浅，剥色重染或改染深色
水点、水渍	1. 厂房滴水 2. 机台有冷凝水 3. 落布箱不干燥	1. 半漂布、色布布箱一定要罩好布罩，尽量放在不滴水处 2. 预烘室排风量要够，蒸箱保温的汽压要够，预热要充分 3. 落布箱一定要干燥 4. 有水渍、水点布只能改染深色
色花、条花	1. 染料泳移 2. 蒸箱温度，压力不够，发色不良	1. 打底时低温慢速，加大防泳移剂用量 2. 蒸箱压力保证 U 型管 5~6 格

2. 卷染工序（表1-6）

表1-6　卷染工序质量疵病、产生原因、预防及处理方案

质量疵病	产生原因	预防及处理方案
绉条	1. 人为因素 2. 设备故障 3. 品种结构	1. 打卷要按操作规程，速度不能太快，否则容易皱边。薄织物容易起皱，两边要整齐 2. 卷边机刹车盘张力要适中，张力太紧易产生中、边色差，张力太松易滑车，产生边皱及中间皱 3. 弹力府绸在卷染机上容易产生边皱
头、尾色差及中、边色差	1. 人为因素 2. 染料的配伍性 3. 设备原因	1. 卷染机挡车工要严格按照岗位操作规程作业，头、尾料要分清，温度浮动要控制在±3℃之内，浴比要调准，要勤搅拌 2. 开单前，工艺员筛选好染料，根据不同的颜色及客户要求筛选出既经济实用又不能因染料配伍性不好产生中、边色差 3. 根据卷染特点，要调整好刹车盘的张力，但由于结构的原因，两边带液量始终高于中间，特别是磨毛品种及靠边织物，故卷染易出现中、边色差
色光差异	1. 人为因素 2. 化学变化	1. 配料工要严格核对处方单上的客户、单号、品种、数量、颜色以及染料的名称、代号及数量，避免出现错称料或称错料而产生的色光差异 2. 工艺员要提高对色的准确率，同时要掌握色光的后续走向，及时总结经验，掌握好颜色出缸后经过后整理而出现的颜色走势
"三污"及料点阴阳色（风印）	1. 人为因素 2. 设备故障 3. 厂房结构	1. 白布下缸前或烘干前要清机，打卷缝头时布头不能落地，谨防拖污或沾污 2. 烘干机出现故障，织物在烘筒上停留时间过长容易产生阴阳色，即风印 3. 卷染机跑头子，沾污另外两边的织物 4. 由于厂房结构的原因，空中飞料点增多，遇刮大风要用布罩住，特别是漂白布及浅色布

质量疵病	产生原因	预防及处理方案
擦伤及条花	1. 人为因素 2. 设备故障	1. 染前或烘前要检查缸内或轧水槽内是否有异物，避免硬物擦伤布面产生条花 2. 设备在运行过程中，因辊筒粗糙变形而产生的摩擦，勤观察，发现问题及时停机，避免批量条花

三、后整理工序（表1-7）

表1-7　后整理工序质量疵病、产生原因、预防及处理方案

质量疵病	产生原因	预防及处理方案
料点	1. 助剂原因 2. 操作原因	在染色加色时，由于助剂的离子性不同，与涂料发生反应，阴阳离子的助剂不能同时使用，化料工在化料时应对涂料进行过滤，放入轧液时也应过滤
飞料点	厂房原因	进布工应认真检查来布，发现有飞料点不要上机，生产中也应该认真观察，发现下机有飞料点及时处理
弹力布、T/C布 氨纶失去弹性	操作原因	定形前一定要先确定纬向缩水率，再定温度、车速、幅宽。下机后挡车工应主动测缩水率，看纬向缩水率是否合格，如有差异，立即调节车速及温度
破边	1. 操作原因 2. 设备原因	上机前多检查来布幅宽，挡车工应考虑来布是否能做到下机幅宽，预防在先，操作中勤巡回，多检查探边是否灵活好用，杜绝破边现象发生
漂白布边、中色差	1. 来坯原因 2. 操作原因	做漂白布时应多检查来布的边、中是否一致，如差异大，不要上机，操作时应控制好车速、温度，并保证连续生产，尽量不要停机
橡毯印	1. 设备原因 2. 操作原因	开机前应检查橡毯，如发现老化破裂等应先磨橡毯再开机，操作中多观察下机布面，发现有橡毯印应及时调节车速、蒸汽压以及布的张力

续表

质量疵病	产生原因	预防及处理方案
缩水率不合格	操作原因	开机前应对要做的品种先缩水处理，再看生产单了解客户的缩水率要求，下机后再测缩水率，看是否达到客户要求，如有差异，及时调整缩率
磨毛布强力下降	操作原因	磨毛下机后立即检测布的强力，如发现强力下降，立即调节车速及压布辊压力
磨毛条花	1. 来坯原因 2. 操作原因	上机前应对来坯进行检查，发现有皱不要上机，操作中勤看下机布面，发现有磨毛条花，应及时检查磨毛辊是否有纱线缠绕等
擦伤	1. 来坯原因 2. 设备原因 3. 操作原因	认真检查来布是否有擦伤，认真检查导布辊以及扩幅辊是否清洁，有无异物，以防擦伤布面，操作中勤看下机布面，各处布面张力不要太紧。发现擦伤及时汇报处理

四、定形质量疵病的预防及处理方案（表1-8）

表1-8　定形质量疵病的预防及处理方案

质量疵病	预防及处理方案
月牙边	1. 坯布本身的问题（布边毛太长），调整探边探头的探测距离 2. 机器故障，检查探边探头、电动机、各个限位开关（幅宽调整不正确），找出故障点，加以排除 3. 对于已经进入烘箱的布匹，由落布工将掉边拉回重新定形
缩率大、小	调整超喂
幅宽大、小	1. 检查来布的幅宽是否达到工艺要求，定形机尽量调整，以达到工艺要求，如果调整以后仍然不能满足要求，暂停生产，向上级汇报 2. 设备达到极限，需要进一步调整轨道的极限设定宽度
勾丝	1. 采取分段检查的办法，检查来坯，如来坯存在勾丝，暂停生产 2. 布边勾丝，检查针板，更换弯曲的针板 3. 中间勾丝，检查分丝辊、导布辊、进布架、出布辊与布面接触的地方，找出勾丝的源头，用砂纸进行打磨，或者用胶带纸进行粘贴，清除故障点

质量疵病	预防及处理方案
沾色	做好机台的清洁卫生工作
串色	定形机生产安全的原则是由浅到深或者由深到浅，深色转浅色必须转换烘房的空气，大货生产以前必须打样，颜色确定没有问题再进行批量生产
料点	1. 化料不充分，没有将染料充分化开 2. 生产中料槽内产生泡沫，加入适量消泡剂 3. 出料口用过滤网进行过滤 4. 做好轧车、各个传动导布辊的清洁卫生 5. 清理烘房的过滤网
中、边色差	1. 检查来布的中、边毛效及中、边的颜色是否均匀 2. 调整轧车的压力，两边的压力一定要均匀一致 3. 出料口一边的料液浓度高于另外一边产生中、边色差，应使用喷淋管 4. 烘房的左右温度有差异，清洁过滤网
手感较硬或较软	1. 手感较硬时，增加柔软剂的用量，加大超喂，降低温度；检查来布的含湿率，如果较高，需要进行烘干后再加柔软，如果以上解决效果不明显，需要预缩机整理 2. 手感较软时，减少柔软剂的用量，适当提高温度（视颜色、布种决定）；如果以上措施不能解决问题，考虑适当上轻浆，但要进行打样确认，确认颜色的变化及手感
两边厚薄不匀	1. 主要反映在上浆布上面，调整轧车的压力使两边均匀一致 2. 来布两边含湿率不同，需要先烘干再上浆
助剂点	1. 做好定形机各个导布辊的清洁以及料槽的清洁 2. 化料充分，选用助剂时，防止助剂配伍性差造成反应 3. 加强过滤
皱条（印）	1. 进布要严格要求平整 2. 调节轧车前弯辊的角度，确保布经过轧车后平整不折皱
破边	1. 检查来布的幅宽，过小容易造成破边。联系客户说明 2. 来布边组织较为松散，容易破边，联系客户说明 3. 定形机后车起步张力调整不正确，使起边的角度不对造成破边，调整无极变速器，使张力合理 4. 定形机里面轨道尺寸与实际尺寸不符，往往因为调整幅宽的转动机械装置移位、松脱造成，通知保全修理、调整以后才能开机生产

续表

质量疵病	预防及处理方案
破洞	1. 检查来布是否有破洞，如有破洞暂停生产 2. 分段检查机器的各个导布辊、轧车、超喂辊，找到故障点并排除
风道印	1. 经向小，适当减小超喂的给入量；经向大，适当放大超喂的给入量 2. 纬向小，适当调大幅宽；纬向，：适当调小幅宽
纬斜	1. 检查缝头的情况，如不好，撕头后重新缝头 2. 检查整纬器的工作情况，不正常时要修理或者进一步调整 3. 检查中车导布辊的左右方向
纬弯	1. 检查缝头 2. 检查整纬器工作情况，不正常时要修理或者进一步调整 3. 检查超喂以及后车的出布张力，出布张力要及时调整 4. 尽量减小打卷的张力
风干印	1. 湿布缝头以后用盖布盖好 2. 湿布要及时定形

五、成品检验异常状况的预防及处理方案（表1-9）

表1-9　成品检验异常状况的预防及处理方案

异常状况	预防及处理方案
物理指标不合格	成品上机前，要对色光、量幅宽，要有物理测试报告
验卷记录不准确（漏验）	验布时，按客户的要求分别做验卷记录：坯疵、染疵、记分的分等，同时必须标出次品
标签不清楚	封条、标签的使用与填写必须符合客户要求，数量、卷号、颜色、落色等必须填写清楚
入库错误	及时做好各种数据的统计与整理，提高发货的正确性

要想完成染整企业的四大目标：质量、产量、成本、品种开发，就必须踏踏实实地做好以"工艺设计为核心，以设备为基础，以操作为保证"的三项基础管理工作，特别是质量问题的把控尤为重要，以上分析的棉机织物染整大生

产过程中质量疵病产生的原因，以及制订的预防措施和返修方案的设计，是作者在染厂近 40 年的车间实际工作经验中积累总结出来的，是通过多次失败的教训和成功的经验汇总出来的，并得到了实际大生产中反复验证。

第五节 各项发明专利在棉机织物染整加工大生产中的应用

在实际的大生产过程中，通过不断研发新工艺、改进新设备及功能、优化操作程序，我们总结出了很多新的发明创造，并向国家知识产权局申请通过了 81 项印染专业方面的发明专利和实用新型专利。这些发明专利和实用新型专利已经广泛推行于染整大生产中，取得了极佳的社会效益和经济效益。

此处分别举例说明在棉机织物染整加工大生产中应用最广泛的发明专利和实用新型发明专利。

（一）纯棉机织布短流程前处理的退煮漂一浴法系统及方法（CN113914045A 发明专利）

本发明公开了纯棉机织布短流程前处理的退煮漂一浴法系统及方法，包括底板，所述底板的顶部从左到右依次固定连接有退浆仓、煮练仓和漂白仓，所述退浆仓的内部设置有往复搅拌机构，往复搅拌机构中包括转动连接在退浆仓内壁前后侧之间的转杆，转杆的后端贯穿退浆仓并延伸至退浆仓的后侧，本发明涉及布料生产技术领域。该纯棉机织布短流程前处理的退煮漂一浴法系统及方法，通过往复搅拌机构的设置，实现了搅拌桨对退浆液的搅拌混合，有利于退浆液在布料表面进行充分退浆，而且通过搅拌轮的前后侧往复运动，实现了搅拌轮带动搅拌桨和毛刷对布料表面进行移动式清理，满足了不同宽度的布料表面清理的需要，大幅提升了布料退浆的效率。

（二）一种针对涤/棉分散染料的高效一浴法染色系统及方法（CN113882101A 发明专利）

本发明公开了一种针对涤/棉分散染料的高效一浴法染色系统及方法，包括染布传导架以及设置在染布传导架内侧的烘干设备，所述染布传导架的内侧还设置有多组布料横向拉伸辊件，所述布料横向拉伸辊件包括调节辊、两组锥台辊、L型固定支撑架和L型移动支撑架，本发明涉及染色技术领域。该针对涤/棉分散染料的高效一浴法染色系统及方法，利用锥台辊处的横槽纹辊套对涤/棉布料的两侧进行向外拉伸，同时锥台筒通过推动铰杆带动推动杆，使得推动环以偏心辊为圆心转动，使得定位针穿过定位贯穿孔，并穿过涤/棉布料，使布料在烘干的同时，对布料进行有效张紧，避免涤/棉布料纵向拉伸产生褶皱，从而影响布料的烘干效率和生产质量。

（三）用于高效印染的通用型纺织印染装置（CN214984215U 实用新型专利）

本实用新型专利公开了用于高效印染的通用型纺织印染装置，涉及纺织印染技术领域。本实用新型专利包括承载装置、支撑装置、固定装置以及喷墨装置。承载装置包括承载杆、第一挡板以及第二挡板，六根承载杆为长方体结构，两块第一挡板一表面分别与承载杆连接，第二挡板安装于承载杆内部。支撑装置包括加强架以及侧板，加强架外表面与承载杆内表面连接，两块侧板下表面分别与承载杆上表面连接。通过固定装置可以将布料初步压平，方便加工，而且热风管可以将完成印染的布料进行烘干。通过喷墨装置完成印染加工，喷头可以旋转，喷墨台可以由驱动盒带动位移，印染灵活度高，可以完成多种样式图案的加工。

（四）全棉织物的活性染料印花冷染染色直印系统及染色方法（CN113696615A 发明专利）

本发明公开了全棉织物的活性染料印花冷染染色直印系统及染色方法，包括滚筒印花设备、清除染料和烘干一体装置，清除染料和烘干一体装置活动覆盖在滚筒印花设备的表面上，L型固定板的一侧通过多个合页转动连接有翻转顶盖，L型固定板和翻转顶盖的顶部均对称固定连接有转动组件，转动组件的内腔对称转动套接有第二气缸，翻转顶盖的顶部和一侧分别设置有烘干机构和染料清除机构，本发明涉及布料染色技术领域。该全棉织物的活性染料印花冷染染色直印系统及染色方法，解决了现有布料在印花时，其表面的染料可能会比较重，导致无法直接干燥，另外还会因染料较重，会与正常印花处出现较大色差，影响印花质量的问题。

（五）一种基于纺织印染的脱水、退捻、开幅一体化装置（CN214831197U 实用新型专利）

本实用新型专利公开了一种基于纺织印染的脱水、退捻、开幅一体化装置，包括底座，所述底座的顶部固定有螺旋退捻脱水机，底座的顶部且位于螺旋退捻脱水机的右侧固定有水平开幅机，底座的顶部且位于螺旋退捻脱水机与水平开幅机之间固定有烘箱，烘箱的内部设置有摆动烘干机构，底座的顶部且位于水平开幅机的右侧设置有挤压牵引机构，摆动烘干机构包括固定在烘箱内壁左侧的热风机，烘箱内壁的顶部通过吊杆滑动连接有回形框，本实用新型专利涉及纺织品脱水技术领域。该基于纺织印染的脱水、退捻、开幅一体化装置，通过摆动烘干机构的设置，便于对纺织品表面进行快速均匀烘干，不会在烘干时造成局部过热，进而提高纺织品的加工质量。

（六）一种纺织印染的废水反渗透净化循环再利用装置（CN214734699U 实用新型专利）

本实用新型专利公开了一种纺织印染的废水反渗透净化循环再利用装置，涉及废水处理技术领域。本实用新型专利包括动力装置、除杂装置、回收装置、中和装置以及搅拌装置。动力装置包括凸轮；除杂装置包括传送带一级过滤桶，凸轮与传送带旋转配合；回收装置包括回收通道，一级过滤桶侧表面设有第一通孔，回收通道侧表面与第一通孔内表面焊接；搅拌装置包括电动机套以及电动机轴，电动机套下表面与二级过滤桶上表面焊接，二级过滤桶上表面设有第二通孔，电动机轴侧表面与第二通孔内表面连接。本实用新型专利采用了传送带与凸轮的方式，使得除杂杆可以稳定持久地做往复运动，可以及时将杂质排除。

（七）缩短活性染料染色时间的无盐低碱染色处理系统及方法（CN113638148A 发明专利）

本发明公开了缩短活性染料染色时间的无盐低碱染色处理系统及方法，涉及印染纺织技术领域，包括箱体，第一布料辊与第二布料辊带动布料穿过喷染机构的内部，第二水泵将恒温染料罐中已经调配完成的染料液抽出，然后通过管道输送至上喷料板与下喷料板中，接着通过若干喷头组件均匀喷洒在布料的上、下表面，达到均匀且快速印染的目的，布料通过上挤压辊与下挤压辊之间时带动二者转动，布料受到二者的均匀挤压，从而将布料中过剩的染料挤出，多余染料通过渗液口流进回收箱中，回收箱中收集到的染料通过第一水泵输送到恒温染料罐中重新被利用，达到节省染料的目的。

（八）基于全自动纺织漂染的投化料输送追加控制系统及漂染方法（CN113638167A 发明专利）

本发明公开了基于全自动纺织漂染的投化料输送追加控制系统及漂染方法。转换机构包括左右两个对称设置的支撑板，两个支撑板外表面互相靠近的一侧之间设置有转杆，转杆的外表面分别与两个支撑板的内部贯穿转动连接，右侧支撑板的外表面固定连接有旋转电动机，本发明涉及漂染技术领域。该发明专利通过设置转换机构，多组搅拌杆逐次与染料溶液接触进行搅拌，同时搅拌杆采用三角条，其棱边通过对溶液施加压力，不仅使溶液运动混合更加均匀，而且避免了搅拌杆沾染溶液导致染料减少。通过上述结构的组合，解决了布料漂染时随着染料溶液在补料容易导致布料上色时出现色差的问题。

（九）一种环保纤维制品的染色前预处理系统及其染色方法（CN113638210A 发明专利）

本发明公开了一种环保纤维制品的染色前预处理系统及其染色方法，包括机箱及其内部前侧固定连接的水箱，所述机箱的内壁与水箱的后侧之间固定连接有隔板，隔板正面和机箱内壁前侧的右上角之间固定连接有除尘组件，本发明涉及染色设备技术领域。该发明通过设置除尘组件，可在布料染色前对其表面进行除尘处理，将其表面的灰尘和断纤维清理掉，提高其表面质量，且该组件通过设置两组对流的结构，利用气泵实现空气的循环，在一侧吹风一侧吸风，可将布料表面附着得较牢靠的杂质吹起再被吸走，清理效果更好，同时循环的气流可尽量避免带入外来的空气，进而可避免额外带来灰尘和短纤维等杂质。

（十）基于布料印染的张力可调印染辊结构（CN214655740U 实用新型专利）

本实用新型专利公开了基于布料印染的张力可调印染辊结构，涉及纺织技术领域。本实用新型专利包括主体装置、支撑装置、染色装置、压力调节装置以及收纳装置。主体装置包括染料箱；支撑装置包括伸缩筒，伸缩筒侧表面与染料箱侧表面焊接；染色装置包括第一固定板以及第二固定板，第一固定板下表面与染料箱上表面连接，第二固定板为长方体板状结构，第二固定板下表面与染料箱上表面焊接；压力调节装置包括调节架，调节架下表面与染料箱上表面焊接；收纳装置包括电动机以及收纳板。本实用新型专利增加了上染色辊与下染色辊的样式，方便布料的浸染，对布料的浸染更加彻底，不会发生染色不均匀的现象。

（十一）一种印染双面喷淋的染液循环装置（CN214458849U 实用新型专利）

本实用新型专利公开了一种印染双面喷淋的染液循环装置，涉及印染技术领域。本实用新型专利包括收集装置、调整装置、升降装置、挤压装置以及滑动装置。收集装置包括底板；调整装置包括调整支架以及伸缩杆，调整支架与底板焊接；升降装置包括升降板，伸缩杆与升降板焊接；挤压装置包括下固定板以及上固定板，下固定板与升降板焊接；滑动装置包括缓冲板，上固定板均与缓冲板焊接。本实用新型专利的调整装置通过对升降装置进行高度的调整，实现对不同厚度的面料进行染液回收循环的目的，挤压装置直接实现残留染液分离的目的，收集装置对残留的染液进行收集以及循环使用，滑动装置通过弹簧对面料进行保护，防止面料由于过压而损坏。

（十二）一种纺织印染的双向扩幅褶皱消除装置（CN214458865U 实用新型专利）

本实用新型专利公开了一种纺织印染的双向扩幅褶皱消除装置，包括安装底座，所述安装底座的左侧固定连接有收卷机构，所述安装底座顶部右侧的正面和背面均固定连接有褶皱消除机构，所述褶皱消除机构包括安装框，所述安装框通过安装块与安装底座的顶部固定连接，所述安装框的顶部固定连接有循环水箱，安装框的左侧固定连接有驱动机构，安装框内壁的两侧之间转动连接有空心除皱辊，本实用新型涉及纺织印染技术领域。该实用新型专利通过空心除皱辊在驱动机构的驱动下对纺织品表面的褶皱进行除皱，并配合循环水加热空心除皱辊，有效提高除皱效率和除皱效果，方便后期布料的印染，提高印染的效果和成品质量。

（十三）一种印染纺织布的静电除毛装置（CN214459061U 实用新型专利）

本实用新型专利公开了一种印染纺织布的静电除毛装置，本实用新型涉及除毛技术领域。在底座的内部贯穿有第一静电吸附辊，连接板的底部贯穿有第二静电吸附辊，第一静电吸附辊和第二静电吸附辊辊体圆周表面均覆盖有一层化学纤维，两个框架板的内部均滑动连接有一个滑块，两个滑块的内部共同固定连接有连接板，框架板和螺纹套的内部共同贯穿有丝杆，且丝杆的底部延伸至滑块的内部，本结构采取静电吸附的方式将纺织布上的絮毛清除，避免灰尘的产生，和传统的毛刷除毛方式相比，不仅洁净度更高，效果更佳，提高了纺织布的美观性，而且避免了纺织布表面的损伤，提高了产品的质量和品质，还可保障与纺织布之间的贴合度，提高吸附效果。

（十四）基于印染加工的纺织品多层快速烘干装置（CN214426380U 实用新型专利）

本实用新型专利公开了基于印染加工的纺织品多层快速烘干装置，涉及纺织设备制造领域。本实用新型专利包括转移动装置、支撑装置、传送装置、烘干装置以及接收装置。移动装置包括刹车杆以及刹车块，刹车杆分别与刹车块焊接；支撑装置包括底板以及支架，支架均与底板焊接；传送装置包括主动轮以及从动轮，从动轮与主动轮相啮合；烘干装置包括控制器以及电热丝，电热丝分别与两个支架连接；接收装置包括接收电动机以及固定器，固定器与支架通过铰链连接。本实用新型专利通过设置蒸发装置，控制器控制温度，电热丝供热提高温度加速水分蒸发，大功率电动机带动风叶，使空气快速流动，加速烘干速度。

（十五）一种循环式染色装置（CN212270418U 实用新型专利）

本实用新型专利公开了一种循环式染色装置，包括工作台，所述工作台的顶部固定连接有染色箱，所述染色箱内部左侧的上下两侧均固定连接有第一导柱，所述染色箱内部右侧的上下两侧均固定连接有第二导柱，所述染色箱内壁的里侧固定连接有线筒，所述第一导柱、第二导柱和线筒的表面传动连接有纺织布，本实用新型涉及织带加工技术领域。该循环式染色装置，通过驱动电动机带动转轴转动，经过第一皮带轮、第二皮带轮和皮带的传动使转杆同步转动，配合凸柱对织物表面进行往复按压拉伸，同时设置第一导柱、第二导柱和线筒，使织物在染色箱内的面积增大，实现了织物在染色箱内部的循环染色，极大地提升了染色装置的染色效果。

（十六）一种防褶皱布料清洗装置（CN212270434U 实用新型专利）

本实用新型专利公开了一种防褶皱布料清洗装置，包括清洗箱，所述清洗箱的内部固定连接有超声波清洗器，且清洗箱的两侧均固定连接有检视窗，所述清洗箱侧面的底端固定连接有出水管，且清洗箱侧面的上侧固定连接有进水管，所述清洗箱上表面的拐角处均固定连接有支撑杆，所述支撑杆的顶端固定连接有驱动板，所述驱动板的下表面滑动连接有移动架，所述移动架的内部转动连接有支撑辊，本实用新型涉及布料生产装置技术领域。该防褶皱布料清洗装置，通过两组整理箱，可以对清洗后的布料进行拉紧，第一整理箱通过加热丝，可以升高第一转动辊的温度，从而可以提高拉紧布料的质量，同时第二整理箱可以方便将拉紧时挤出的水进行排放。

（十七）一种染色辅助单元（CN212270437U 实用新型专利）

本实用新型专利公开了一种染色辅助单元，包括底箱以及固定连接于底箱顶部的固定板，固定板的两侧均通过支撑架固定连接有固定框，底箱顶部的两侧均固定连接有电动机，且电动机输出轴的一端通过联轴器固定连接有丝杆，丝杆的顶端贯穿固定框并延伸至固定框的内部，丝杆延伸至固定框内部的一端通过轴承与固定框内壁的顶部转动连接，本实用新型专利涉及纺织布料技术领域。该染色辅助单元，可实现将染色后的布料放置在固定板上，利用滚动轮以及挤压板的设置自动且快速地将布料内部吸附的染色剂挤出，并且使用接料盒对染色剂进行收集，可避免染色剂滴落到其他物体上，同时该染色辅助机构加快了后续布料的烘干作业，符合布料染色工作的需要。

（十八）一种基于布料印染的快速印染烘干装置（CN212223338U 实用新型专利）

本实用新型专利公开了一种基于布料印染的快速印染烘干装置，包括外箱和烘干结构，外箱内壁正面与背面之间的左侧转动连接有第一输送辊，并且外箱内壁正面与背面之间的右侧转动连接有第二输送辊，外箱内壁底部的左侧滑动连接有固定块，本实用新型专利涉及布料烘干技术领域。该快速印染烘干装置，第一输送辊转动输送布料的过程中，清理海绵能够清理第一输送辊表面的染料，防止输送辊表面的染料污染后续布料，从而提高了印染效果，进而保证成品的质量，且固定块能够从外箱内抽出，操作活动夹即可更换清理海绵，使用方便，电动机工作能够带动风机左右运动，配合加热装置工作，使布料烘干速度更快，且烘干更均匀。

（十九）一种纺织印染机的多功能放料槽（CN212223348U 实用新型专利）

本实用新型专利公开了一种纺织印染机的多功能放料槽，包括底座，所述底座的顶部通过升降结构固定连接有外槽体，所述外槽体的表面滑动连接有内槽体，所述外槽体的左侧固定连接有支撑座，所述支撑座的顶部固定连接有转动电动机，所述外槽体内腔的左侧开设有置物槽，转动电动机的输出轴通过联轴器固定有连接轴，转动轴的左端贯穿内槽体并延伸至内槽体的外部，本实用新型专利涉及放料槽技术领域。该纺织印染机的多功能放料槽，通过在外槽体的左侧设置支撑座，配合支撑座上的转动电动机和连接轴上的驱动齿轮，再利用转动轴上的搅拌扇叶，能够直接在内槽体的内部配制染料，并进行混合，通过此结构能够一定程度地避免因倒染料乱溅，污染车间。

（二十）一种染色机用染色液智能加热装置（CN212223349U 实用新型专利）

本实用新型专利公开了一种染色机用染色液智能加热装置，包括染色箱、位于染色箱顶部的盖板和位于染色箱底部的驱动电动机，所述盖板的底部与染色箱的顶部通过卡扣固定连接，并且驱动电动机的顶部与染色箱的底部固定连接，本实用新型涉及染色机技术领域。该染色机用染色液智能加热装置，通过染色箱内部的两侧均开设有安装槽，并且两个安装槽的内部均活动连接有加热机构，安装槽的侧壁开设有与连接块相适配的连接槽，利用水温传感器对水槽中的水温进行实时监测，同时通过智能控制面板对水温恒定数值进行设定，智能控制面板对继电器进行自动化控制，保证水槽内部的水温恒定，避免人为主观因素的影响，提高产品的染色质量。

（二十一）一种混合染色定形装置（CN212223353U 实用新型专利）

本实用新型专利公开了一种混合染色定形装置，包括工作台和定形箱，所述工作台的顶部与定形箱的底部固定连接，所述工作台顶部左侧的正面与背面均活动连接有第一竖板，所述工作台顶部左侧的正面与背面均开设有与第一竖板相适配的通槽，所述第一竖板的底部贯穿工作台并延伸至工作台的内部，所述第一竖板延伸至工作台内部的一侧固定连接有连接座，本实用新型专利涉及纺织设备技术领域。该混合染色定形装置，通过工作台顶部左侧的正面与背面均活动连接有第一竖板，布料在第一转动辊和第二转动辊之间过紧时，通过电动伸缩杆带动第一转动辊进行移动，对张紧度进行调节，使得布料定形过程中不会被撕裂，避免损失，操作简单便捷。

（二十二）一种提升机织深色布耐湿摩擦色牢度的工艺方法（CN107916518B 发明专利）

本发明是一种工艺方法，特别涉及一种提升机织深色布耐湿摩擦色牢度的工艺方法。按以步骤进行：配布→烧毛冷堆退浆→煮漂→丝光→轧染或卷染→耐湿摩擦色牢度增进剂及助剂的选用及配制→耐湿摩擦色牢度增进剂整理→过软定形→预缩→成品检验。通过以上对各工序生产工艺的控制，有效提高了织物的毛效，提高织物表面的光洁度、降低摩擦阻力；通过对染色后织物加强皂洗、水洗减少了浮色；在染色后加入水性聚氨酯复合体的耐湿摩擦色牢度增进剂（江西泸溪县翔华精细化工有限公司，下同），在助剂稳定剂 203 和裂解剂 109 的辅助作用下，有效解决了过去单一加耐湿摩擦色牢度增进剂，连续生产 2000m 以上就会产生漂油点的问题，达到了深色染色布耐湿摩擦色牢度提升 1 级以上的效果，相应耐水洗色牢度也有所提升，pH 值达到要求，确保了连续化生产和产品质量，同时布面有一定的增深效果和柔软效果。

（二十三）一种布匹传送辊张力调节装置（CN209978583U 实用新型专利）

本实用新型专利公开了一种布匹传送辊张力调节装置，包括底板、蒸汽箱和电动机箱，所述底板顶部的一侧与蒸汽箱的底部固定连接，所述底板顶部的另一侧与电机箱的底部固定连接，所述底板的顶部且位于蒸汽箱的一侧与电机箱的一侧固定连接有弹簧，所述弹簧设置有两个，两个所述弹簧远离底板一端的表面之间固定连接有操作台，所述操作台顶部的一侧固定连接有第一支撑板，本实用新型专利涉及布匹生产技术领域。该布匹传送辊张力调节装置，能够方便地对于布匹传送过程中进行张力调节，使得布匹的传送过程更加稳定，在一定程度上使布匹更容易传送，安全可靠。

（二十四）一种染整机烘干装置 CN209836571U（实用新型专利）

本实用新型专利公开了一种染整机烘干装置，包括第一支撑板、第二支撑板、烘干箱和连接板，所述第一支撑板的底部与连接板顶部的一侧通过焊锡固定连接，所述第二支撑板的底部通过电焊与连接板顶部的另一侧固定连接，所述第一支撑板的一侧通过轴承转动连接有第一转动轴，本实用新型专利涉及染整设备技术领域。该染整机烘干装置，能够有效地达到对于布料进行烘干的效果，能够同时对烘干箱内进行降温处理，极大地提高了烘干装置工作过程中的稳定性能，利于人们使用，能够对于烘干过程中产生的大量有毒气体进行净化处理，能够很好地满足不同身高的工作者对于该烘干装置的操作，能够极大地方便使用者对于烘干装置的移动。

（二十五）一种印染助剂的精细搅拌装置（CN209597057U 实用新型专利）

本实用新型专利公开了一种印染助剂的精细搅拌装置，包括罐体、进料管和支撑腿，所述罐体的一侧连通有进料管，所述罐体底部的两侧均固定连接有支撑腿，所述罐体远离进料管一侧的顶部固定连接有矩形框，且矩形框内壁的底部固定连接有第一电动机，本实用新型专利涉及印染助剂加工设备技术领域。该印染助剂的精细搅拌装置，通过罐体远离进料管一侧的顶部固定连接有矩形框，矩形框内壁的底部固定连接有第一电动机，可以对印染助剂进行充分搅拌，使其混合得更加均匀，搅拌效果更好，节省时间，提高了工作效率，通过罐体内壁底部的两侧均固定连接有 U 型框，可以过滤印染助剂中的杂质，使其成品质量更好，不易造成出料管堵塞，使用更加方便。

（二十六）一种助剂后处理装置（CN209597116U 实用新型专利）

本实用新型专利公开了一种助剂后处理装置，包括处理箱，所述处理箱的顶部通过支架固定连接有进料管，所述进料管外表面的顶部通过支块转动连接有杠杆，所述杠杆的左右两侧分别转动连接有连接杆，且连接杆的底端固定连接有挡块，所述挡块的一侧贯穿进料管并延伸至进料管的内部，本实用新型专利涉及助剂技术领域。该助剂后处理装置，利用滑块和刻度条之间的配合，可以带动第一转动杆和第二转动杆转动，进而带动杠杆转动，使两个挡块在进料管的不同位置，使两种配料进料速度不同，进而完成准确的配比，替代人工进行配比，使配料更加精准，不需要事先对配料进行开封，保证了配料不被氧化，大大提高了助剂的质量。

（二十七）一种助剂后处理系统的出料装置（CN209597182U 实用新型专利）

本实用新型专利公开了一种助剂后处理系统的出料装置，包括底座、支撑板、反应釜、配比箱、吸水泵、电动机、水箱，底座的顶部与支撑板的底部固定连接，所述支撑板的顶部与反应釜的底部固定连接，所述反应釜的右侧固定连接有固定板，所述固定板的顶部与电动机的一侧固定连接，所述电动机的输出固定连接有转轴，且转轴的一端贯穿反应釜并延伸至反应釜的内部，所述转轴的外表面固定连接有搅拌叶，本实用新型专利涉及助剂技术领域。该助剂后处理系统的出料装置，利用反应釜上的搅拌叶对助剂进行搅拌，利用加热片对助剂进行加热，再利用出料管道和螺丝棒将助剂流出来，解决了人工进行操作给工人带来身心健康的问题，提高了工作效率。

（二十八）一种具有制动装置的 A 字架打卷机（CN209583162U 实用新型专利）

本实用新型专利公开了一种具有制动装置的 A 字架打卷机，包括底座和卷布筒，所述底座的顶部从左到右依次固定连接有第一 A 字架、电动机、第二 A 字架和第三 A 字架，所述第一 A 字架、第二 A 字架和第三 A 字架之间转动连接有转轴，所述转轴的表面且位于第一 A 字架和第二 A 字架之间与卷布筒的内表面固定连接，本实用新型专利涉及打卷机技术领域。该具有制动装置的 A 字架打卷机，通过设置张紧轮保持皮带的紧绷，而在需要紧急制动时可启动气缸快速下压拉动架，使卡紧环将转轴卡死，使转轴不会在惯性下继续转动，同时利用斜槽与短杆配合下压带轮架使其转动，进而使张紧轮脱离皮带，皮带不再紧绷则可断开动力源，两手措施使紧急制动更快速有效。

（二十九）一种织物染整的多道同步浸轧装置（CN209584581U 实用新型专利）

本实用新型专利公开了一种织物染整的多道同步浸轧装置，包括底板和浸轧箱，所述浸轧箱底部的两侧均固定连接有支撑腿，并且两个支撑腿的底端均与底板的顶部固定连接，所述底板顶部的两侧均固定连接有伸缩杆，本实用新型专利涉及织物加工技术领域。该织物染整的多道同步浸轧装置，通过两个固定板相对的一侧之间通过转动轴转动连接有限位辊，在浸轧箱内设置的松紧调节装置可以控制织物在浸轧液中的紧绷程度，织物在浸轧液中能够处于合适的松紧度，使织物能够浸轧彻底，且不会堆积在浸轧池中，提高加工质量及加工效率，织物浸轧后经过两道轧干辊挤压，将织物内部的浸轧液完全挤出，更有利于后续工序的进行，提高了装置的实用性。

（三十）一种棉混纺机织物短流程前处理加工方法（CN110284317A 发明专利）

本发明提供了一种棉混纺机织物短流程前处理加工方法，是在烧毛工序后，实现退浆、煮练、漂白一步处理。具体包括以下步骤：浸轧冷堆液（轧液率100%、二浸二轧）、冷堆、第一次水洗、浸轧汽蒸液（轧液率100%、二浸二轧）、汽蒸、第二次水洗和烘干7个步骤。本发明的加工方法将棉混纺机织物传统的退浆、煮练及漂白工序通过一步法实现，缩短了工艺流程，提高生产效率，同时节省了水电汽的消耗。

（三十一）一种织物染整的快速固色系统（CN208279863U 实用新型专利）

本实用新型专利涉及一种织物染整的快速固色系统，包括前布辊架、布辊、漂洗槽、固色装置、后布辊架、卷布辊、驱动装置，其中前布辊架、漂洗槽、固色装置，后布辊架顺次安装，所述前布辊架上安装布辊，后布辊架上安装卷布辊，且卷布辊由驱动装置驱动。其特征在于：所述漂洗槽的两侧上缘安装外部导向辊，漂洗槽的内部设置两个沉降导向辊；在漂洗槽的内部右侧设置有脱水挤压辊；所述固色装置的左侧面设置进缝，有侧面设置出缝，且在出缝处设置碾压辊。该系统首先对漂洗装置进行改进，增加了用于对织物进行喷射颜料的喷管，还在漂洗槽内加设脱水挤压辊，对固色装置的改进可以减少固色装置的体积，同时可以使布进行多次固色，增加色牢度。

（三十二）一种印染自动调温汽蒸箱连续出布系统（CN208167305U 实用新型专利）

本实用新型专利涉及一种印染自动调温汽蒸箱连续出布系统，包括外罩、底座、通气管、蒸汽装置，其中，外罩为圆桶装，外罩的下部设置底座，在外罩的外侧独立设置蒸汽装置，所述外罩的前后侧面分别开设准确对应的进料端口和出料端口，在进料端口前部设置进料装置，出料端口的后部设置出料滑道；外罩内安装汽蒸架，汽蒸架包括转轴以及围绕转轴等间距固定的汽蒸管，外罩的两端面设置安装转轴的轴孔；在外罩的两端面内侧分别设置前端盖和后端盖，并设置有控制前端盖和后端盖移动的推动装置。该装置设置了可以转动的独立汽蒸管，能够及时将完成汽蒸的布料推出来，然后进行下一卷布料的汽蒸，由此完成布料的不断推进与推出，实现连续出布，提高工作效率。

（三十三）一种超柔面料的低温染整系统（CN208121365U 实用新型专利）

本实用新型专利涉及一种超柔面料的低温染整系统，包括染整箱、内桶、通水管、水泵、驱动装置、顶部抽水管、底部隔板、滤网，其中染整箱为桶状，所述通水管竖向设置在染整箱的外侧，且在通水管上设置水泵；通水管的上端连接顶部抽水管，下端连接喷水管，其中顶部抽水管设置在染整箱内侧上部，所述喷水管设置在染整箱内侧底部；所述底部隔板以可拆卸方式设置在染整箱内侧下部，且位于喷水管上方；所述内桶以可转动方式设置在染整箱内，且内桶的桶体上设置通孔，且在染整箱的外侧上部设置带动内桶转动的驱动装置。该系统采用了增加染液对流的方式来增加染液的混合，使染液内物质均匀，同时增加染液与布料的接触程度；另外，该系统中加装了可转动的内桶，将布料置于内桶中，布料随内桶转动，防止布料重叠，增加布料与染液的接触面积。

（三十四）一种纤维素纤维织物阳离子改性及无盐无碱染色的方法（CN108677560A 发明专利）

本发明涉及一种纤维素纤维织物阳离子改性及无盐无碱染色的方法。该方法为：将软水加入气液染色机，将纤维素纤维织物加入，将阳离子改性剂加入染色机，运转；将氢氧化钠由化料缸加入染色机，调节水位，运转，升温，排放改性液，用冰醋酸水溶液室温洗涤，出缸脱水，得阳离子改性织物；加入软水，将阳离子改性纤维素纤维织物加入，溶解活性染料，注入染色机，升温至染色温度，保温，排放染液，出缸脱水、烘干，即得。本发明在气液染色机中低温小浴比对纤维素纤维织物进行改性，改性剂用量少，对织物表面及内部改性均匀，改性织物可以实现无盐无碱染色，且染色时间短、染色过程简单易控，织物颜色均匀、色彩鲜艳、色牢度满足服用要求。

第二章
棉机织物前处理

如图 2-1 所示，棉机织物前处理作为染整加工中主要的工序，它是稳定并进一步提高及改进后道工序（如染色、增白、印花等）产品质量的重要基础，在这一章中，作者根据在实际车间进行大生产时的工作体会，谈谈怎样搞好棉机织物前处理过程。

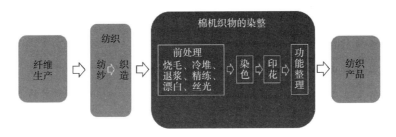

图 2-1　纺织加工产业链

棉机织物前处理既要考虑坯布杂质清除得到最大程度的效果，还应注意清除某一纤维中杂质的同时不应破坏其他纤维。因此，必须采用适当的前处理工艺才能达到预期的目的。同时，也应兼顾处理成本及废水所造成的环境污染因素。

棉机织物含有较多天然杂质、浆料及储存和运输中人为污渍等，浆料及杂质会对染整加工最终生产合格产品造成诸多困扰，须经练漂前处理清除。前处理工艺的质量直接影响到棉机织物后整理的进行，最终影响着产品的质量。棉机织物染整加工的前处理过程主要包括烧毛、退浆、煮练、丝光、漂白等工序。前处理方法有很多种，如化学处理法、生物酶处理法、物理处理法等，其中以化学处理为多。对棉机织物进行预处理，其主要目的在于除去坯布表面绒毛；

天然纤维表面果胶物质、蜡状物质、含氮物质、色素、棉籽壳及其他天然杂质；合成纤维纺制时施油剂；纤维纺纱、纱线织造时沾油污；加工时施加的含油质助剂等。

棉机织物采用练漂预处理，一方面发挥了纤维良好的性能，另一方面达到了染色、印花、整理等织物后续工序白度、吸湿、渗透性要求。例如，提高抗静电性、耐磨性及较高的强力，也可以提高其上染率，减少染料在水中溶解度的下降速度。同时，前处理也可提高棉机织物光泽、手感及其他服用性能，有时丝光等前处理也可使纤维染色性能提高。

纤维类型不同，所含的杂质成分、数量、性能各异，纤维自身特性也各不相同，采取的前处理方法、工艺流程及加工工艺也千差万别。不同的前处理方法对提高产品质量有较大影响。因此，棉机织物的纤维组成、组织结构及性能都要根据其加工要求和产品用途来确定。前处理工艺的效果与加工设备密切相关，所以棉机织物前处理加工工艺流程及工艺条件要依据纤维组成、组织结构、加工要求、产品用途及设备而定。

第一节 坯布检验、配布、车缝

一、坯布检验

坯布在加工之前，都要进行检验，以便发现问题，及时采取补救措施，保证染整产品的质量。坯布检验的内容主要包括外观疵点和物理指标的检验。外观疵点检验主要指纺织过程中所形成的疵病，如断经、断纬、跳纱、油污纱、色纱、棉结、破洞、筘路、斑渍等，物理指标检验包括坯布的长度、幅宽、重量、强力及经纬纱的规格和密度等。坯布检验率一般为10%左右，这个要根据投坯总数量来定，如果总数才100m布，那就要全检，坯布检验率就是100%，也可以根据坯布的质量情况和品种要求进行适当的增减。棉布坯布检验流程如下：

（1）按计划通知单统计坯布数量、坯布加工类别、抽检百分比（抽检率5%~8%）、重点要求，并按投产先后次序到坯布仓库领取抽验布疋。

（2）按照坯布幅宽大小，每次取一疋布置验布台上，人站在与经纱垂直方向位置上，在4管40W日光灯下，对布疋进行检验。

①布幅前、中、后各量一次幅宽尺寸，计算平均值。

②量折幅（是否每幅符合100cm或91.4cm），并点清楚整疋布的折页数，计算总长度，做好记录，并核对布疋两端与注明疋长（或码单明细表）是否一致，如发现差异，应在报告单上写明差异数量。

③从头开始翻布，每页布都要检查各种超过记分的疵点，并分疵病类别做好原始记录，然后计算每疋布扣分总数，确定等级（平纹组织检查正反两面，斜纹、缎纹只检查正面）。

④按照坯布加工类别要求（漂白、染色、印染）评价是否适用。

⑤验完布疋后用台称（最大量程25kg）称布重，然后计算米克重（g/m）和平方米克重（g/m²）。

（3）剪取布样1m，并送样试验室检查坯布物理指标。

（4）按照计划通知单（特别是新品种），剪取布样送工艺室存档。

（5）每批布抽查后，要做好原始记录，并填写坯布检验报告单（一式四份）。

（6）每批布检验完毕后，立即打包送回坯布仓库，注销领料单（注明剪样数量）。

二、配布

在染整生产中为了避免由于批量大、品种多而造成混乱，常常将相同工艺和相同规格的坯布划为一类，进行分批、分箱，并在每箱布的两头打上印记。在加工过程中，根据设备容量的状况，将已经划分为一批的织物计重，以便染化料加入时准确计量。坯布分批、分箱目前采用人工翻布，即把一匹匹坯布翻摆在堆布板上或堆布车上，同时把布的两端拉出，要注意布边整齐，布头不能漏拉，确保正反面一致，便于缝接。分批的原则应根据设备的容量而定，分箱的原则是根据布箱大小、坯布组织和有利于运送而定。为了避免出错，将每箱布的两头打上印记，部位在离布头 10～20cm 处，印记标出坯布品种、加工类别、加工单号、批号、箱号、日期、翻布人代号等。染整加工的织物品种和工艺过程较多，每箱布都有一张分箱卡，注明织物的品种、批号、箱号以及加工单号，便于后道工序作业流水线的现场管理。

（一）配布工作业指导

配布工按生产通知单领坯，配布前检布与卡是否相符。根据每个订单的米数选择合适数量的包数配布，使配布米数与流程卡要求的米数一致，配布时实行一卡一车，不能乱放多放，同单号的情况下，卷染的布可多卡合装车，但最多不影响下道工序落布装车，拉出所有布头以利于车缝。在生产流程卡上做单匹数量细码记录，计量单车装布数量，做好生产流程卡记录。人工配布时，将布平摊在车上，摊布时要堆放整齐，注意不能错摊和漏摊，要进行匹数和米数复核，摊布正反面要一致。绒布类倒顺毛要一致，并在布车两端距布头 60cm 处用记号笔写上排产单号、品名、缸号，色号、数量。同单号的情况下，供卷染用坯多卡合装车时，须在每张卡所辖的布匹两端做标识。同时，在配布时要注意：乱摊乱放不利于查清匹数，增加找寻时间，阻碍生产；布头拉出长度过小不利于车缝；布头不写清楚排产单号、品名、数量、色号，在生产过程中不易识别，影响工作效率；布匹存放不当（如遭滴水）会影响质量；计数不准确影响订单计划执行；检查每疋布的外观质量，如有霉斑、破损、拖污要及时反映给上级主管领导。

（二）松卷机的安全操作规程

配布工序经常出现卷装坯布，只能通过松卷机进行配布。工作前检查各传动机构、传动部件是否正常，有无缺损，防护装置是否完好，检查轧辊是否清洁，对中器是否清洁，检查操作板及各仪表是否正常，气压调节到适当范围内，检查各部位润滑点润滑是否良好，变速箱油位是否适当，是否转动灵活，是否无卡阻、无漏油现象。

开机前须先将引导带穿好，放置在"A"字架，用手拨动 A 字架上的卷布辊应能灵活转动，将 A 字架与打卷装置对齐，并放置稳定。启动整机，低速运行待导带走完后，停机将连接在导带尾端的加工布断开。把加工布贴在 A 字架的卷布辊上，操作卷布装置的气压开关，落下卷布辊，并检查 A 字架的卷布辊与打卷辊平行并能压紧。落下卷布辊时，手不可在两卷布辊中间；放好卷布辊后低速运行，待卷布正常及各部位都运行正常后，升速到正常速度；运行中及时查看各部位有无越位现象，走偏及严重起皱打折现象，若有要及时停机处理。严禁靠近轧车、伸手拉布或做记号，严禁在运行中将手伸到对中器上方和压布辊中间，严禁在打卷处不停机伸手拿布，严禁在运行中处理故障。运行中，操作人员要注意力集中，衣着整齐，衣袖扎紧，不得穿拖鞋，长头发要挽好，戴好护发帽，戴好防护口罩，谨慎操作；操作人员距离运动体最小距离不得小于200mm；运行中应不断理顺织物，除去织物上外包装、捆绑的胶带和杂物。织物连接缝头要平直，不可打结，发现有打结或异常情况时应立即停机处理，严禁织物上的铁线、标签等打进大卷。A 字架上的布卷最大可卷至直径 1.5m 左右。卷好布后停机，在距布头 20cm 处标注客户、单号、数量，抬起压力辊，将 A 字架拉至指定停放处，待叉车运至车间加工。

松卷机结束工作前，应将导带接在织物的尾端，带进机器，下次开机时用。停机后应对整机进行清洁，清扫机器表面上及对中器上的布毛，打开两边电柜箱清扫布毛。吸尘布袋收集的布毛要当班清理。停机检查及清洁时，应关闭总电源，清洁设备时严禁用水冲洗电动机及其他电气设备。

三、车缝

为适应染整生产连续加工的要求，将翻好的布匹逐箱逐匹用缝纫机连接起来，称为缝头，又叫车缝。

（一）缝头

缝头要求平直、坚牢、边齐、针脚均匀，不漏针、跳针，缝头的两端针脚应加密，加密长度为 1~3cm，以防开口或卷边。常用的缝头方法有平缝、环缝和假缝三种。平缝的特点是灵活、方便、用线少，适用于箱与箱之间或湿布的缝接。但由于两端布重叠易产生横挡等疵病，卷染易产生缝头印，所以不适宜卷染。环缝的特点是缝接平整、坚牢，但用线量多，适用于一般中厚织物，尤其适应卷染加工。假缝的特点是缝接坚牢、不易卷边、用线较省，特别适用于薄织物的缝接，但同样存在两端布重叠的情况。

（二）衣车的使用

使用前检查衣车的电源线是否完好，按钮开关是否正常，电动机是否牢固，各部零件有无缺损；检查衣车润滑是否良好，过滤网有无堵塞，开机后从观察口看喷油是否正常。衣车的安放应平整稳固，移动使用的衣车需在安全的地方（无水溅、无碰撞）放置稳定后操作。

操作衣车进布时，要将布边对齐、理顺，两手拉紧布头，且布头无外力作用，无卡阻，保证进布顺畅。操作时不得戴手套，双手喂布要适应衣车的速度，手部距离缝纫机车针最近的距离是 20mm，即距离针头移动的范围最小距离为 20mm，小于此距离会有轧伤手的危险。衣车运转时不可碰、摸、触、动衣车的旋转部位，距离各转动体的最小距离为 100mm。太湿的布车缝时，要将布头处的水用手适当拧干，车完后要及时擦干衣车部件上的水分，在水分较多的地方使用衣车要特别检查电线的绝缘是否完好，插好插头检查后方可按开启按钮，以免产生电弧伤人。布头车缝后，线头要用剪刀剪断，不可随便硬拉或用两手拉断，不然会拉坏机器或拉伤手。衣车每次使用完应即刻关掉电源开关，暂时不用时要拔掉电源插头，做好衣车的清洁卫生。

第二节　烧毛

棉纤维或合成纤维纺纱时，虽经过加捻，但仍有许多松散纤维露于纱线表面。在生产过程中，对纱线摩擦导致棉机织物表面形成长短不一的绒毛层。这些绒毛的存在不仅影响织物表面的光洁度外观和容易沾染灰尘，而且可能使染色、印花等后续加工产生各种疵病，影响产品品质。如印花时不能印制清晰和精细花纹，绒毛落入染液中可能会影响染色质量。

烧毛就是去除布面绒毛。一般棉织物都要通过烧毛将布面绒毛去除。烧毛是将织物平幅迅速地通过火焰或擦过赤热的金属表面，这时布面上存在的绒毛很快升温燃烧而被烧去，而布身比较紧密，升温较慢，在未升到着火点时，已离开了火焰或赤热的金属表面，织物本身并未受到损伤。

烧毛的质量是在保证织物强力符合要求的前提下，根据绒毛的去除程度来评定的。参照颁布的 5 级制标准进行评级：1 级为未经烧毛坯布，2 级为长毛较少，3 级基本上没有长毛，4 级为仅有较整齐的短毛，5 级为烧毛洁净。一般织物烧毛要求达 3~4 级，质量要求高的织物要求达 4 级以上。

棉机织物常用的烧毛设备是气体烧毛机，属于无接触式烧毛，热能消耗较小，清洁保养方便。

由于传统上对棉机织物的外观要求高于针织物，因此，棉织物基本上都需要进行烧毛。自 20 世纪 90 年代以来，棉机织物产品高档化已成趋势，消费者消费观念的改变，消费水平的提高，纺织印染技术的进步为棉机织物产品的中高档化提供了市场和技术保障。高档棉机织物服装面料布面光洁、纹路精细均匀、色泽纯正、光泽亮丽、手感柔软滑爽，是一般织物产品无法相比的。棉机织物烧毛是开发高档棉机织物产品的重要手段，目前已得到广泛应用，甚至出现了先纱线烧毛，再坯布烧毛的工艺。由于织物表面的绒毛被烧去，产品起球现象大为减少，布面光洁度显著提高，既改善了棉机织物产品的服用性能，又提高了产品的档次。

一、气体烧毛机的构造及作用

烧毛机的操作人员必须熟悉烧毛机的结构组成及工作原理，正确使用和操作设备，熟悉燃气方面的有关安全规定。开机之前，需首先检查设备周围有无浓重的液化气味，如有应查明原因，并进行通风。烧毛进行中不得对液化气管道及附件等进行检修工作，若发现异常，应立即停机停气并通知相关维修人员检修。烧毛机旁不能堆放易燃易爆物和其他杂物，公共通道始终保持畅通，消防用品充足并在有效期内，准备烧毛的布车要按顺序放好，不得阻挡通道和消防用品，挡车工必须掌握消防器材的正确使用及燃气类火险的灭火自救知识。

烧毛机设备的检查：各控制阀门无泄漏，操作手柄位置正确，电气操作面板上状态指示灯正常，冷却水压力、蒸汽压力、压缩空气压力和液化气管道上的压力显示正常，刷毛箱、火口及冷水辊、烘筒及灭火装置、浸轧装置完好正常，除尘器清理干净。各转动装置、气动执行机构完好，无脱落或过松的现象。冷水辊的冷却水畅通，各加热装置的疏水阀正常疏水。排风机、鼓风机运行正常。燃气管道及附件无漏气现象，二次减压后的液化气压力稳定，液化气压力应在 50~60kPa。导布辊表面必须清理干净，保持清洁且无斑痕，火口清洁，火口缝隙无积油、无杂物堵塞。

合上控制柜的空气开关，接通电源，按"排风启动"按钮，打开机器顶部的排风机，排风 3~5min，排除烧毛单元烟罩内的残余可燃气体。根据不同织物工艺要求，手动选择"对烧"或"透烧"（切烧）按钮，使火口转至适当的角度位置，并使冷水辊上下平动至适当位置，以实现"对烧"或"透烧"（切烧）的工艺要求。调整火口微调丝杆至适当位置，以保证火口与织物距离一致。调试结束后，手动将火口转向回位，准备开机。打开蒸汽阀、冷却水总阀、燃气手动阀（燃气电磁阀不开），按"鼓风启动"按钮启动鼓风机，准备全机正式开车。

按控制柜上或现场就地按钮箱上的"信号铃"按钮，电铃响，通知全机操作人员准备开机，打开冷却水阀，检查各出水口是否有水正常排出。根据工艺要求，选择"轧车""平幅落布"或"打卷"投入运行。按点火开关自动点火或用辅助点火器手动点火。点火时人站于火口侧面，身体不得进入烧毛机箱体内。按"运行"按钮，全机匀速运行，车速由工艺确定（例如 100m/min）。把"火口转向"旋转旋钮置于"自动"位置，待车速升到工艺设定值（例如 100m/min）时，火口自动转向工作，也可把"火口转向"旋转旋钮置于"手动位置"，根据需要随时可使火口转向处于工作位置或复位。调节控制柜上的调速旋钮，控制车速在工艺规定的范围内。

停机时，调节控制柜上的调速旋钮，使车速降至导布速，火口自动复位，也可以把"火口转向"旋转旋钮置于"手动"位置，手动转向使火口复位。按"停车"按钮，全机停车，同时燃烧器电磁阀自动关闭，待燃烧器管道和烧毛机烟罩内的余气排尽后，按"鼓风停机"按钮和"排风停机"按钮，使投入运行的各转动单元复位。关闭控制柜里的空气开关，切断电源。

二、烧毛工艺

根据设备《安全操作规程》，检查设备是否符合运行要求。按生产指令单次序，将已核对无误的加工布放在烧毛机前，将火口缝隙及各火口疏通，将导辊及冷水辊表面擦干净，将刷毛箱清理干净。开启排风机，排除烧毛机单元烟罩内的残余可燃气体，打开蒸汽阀、冷却水总阀、燃气手动阀，启动转鼓风机。打开冷水辊阀门，检查水流量是否正常，点燃火口，调节火焰呈现蓝紫色和高度均匀。打铃、回铃，启动全机入布，开刷毛箱，调节车速，落布打卷。

工艺操作要求：对待加工布的原料成分、组织结构要初步的了解，对应工艺要求的车速快慢、火力大小、火口选择来进行操作。车速正常后，检查布面光洁度，如达不到，要适当调整火力大小及车速快慢。打卷换炮（即布卷）时，不允许停机换炮，打卷的直径不允许超过1.3m，必须迅速转换炮架，防止湿布落网床过多，压住布造成停机。弹力布幅宽超宽，超过轧车或导布辊时，不要进行烧毛，以免造成边皱；弹力布布边易卷边皱边，打较多竹夹无改善时，不要进行烧毛，以免造成边皱。烧毛机在工作时如发生故障或停车，先关闭燃气阀，然后关闭排风鼓风。操作机台的员工必须时刻留意有无漏气现象，如有，及时处理漏气位置，以免发生重大事故。

作业注意事项：冷却水的电磁阀要经常检查是否工作正常，冷却水的水压要经常检查是否正常，如不正常，过低会造成停气、断火。正确使用冷却水回用装置，杜绝浪费。半漂布烧毛时，关闭烘筒蒸汽阀；坯布烧毛时，必须打开烘筒蒸汽阀。停机时，必须对全机各部位进行清洁，包括烧毛机周围水沟和两台机器边接处的水渠，必须每天清理干净，避免堵塞水渠。

第三节 冷堆、蒸洗

一、冷堆

1. 冷堆的工艺

开机前首先对全机设备进行一次全面检查，并做好清洁工作。按生产指令单的次序将已核对的品种批号和规格的布拉到指定位置，按工艺要求配料、化料。使用自动化料系统要检查来料有无异常。检查各工种所进行的准备工作是否完成，打铃、回铃，启动全机进布打卷。

在运行中要全面检查打卷情况，上卷张力适中，布面无皱印、污渍等疵点。要经常检查水箱及料槽温度和所需的工艺浓度，调换品种时即时测定。正常开机 30min 测定一次。要注意轧车压力和上卷时的带液率是否符合工艺要求。打好卷后，堆放要用塑胶袋包好，以防风干。上卷数量不宜过多，堆置时大卷不能停转和不能反转，严防滑炮（布从大卷上滑掉下来）。

进布时不能跑边、折边。要按工艺上车，料液要保持平衡，符合规定，不能时高时低。做好生产流程卡、工艺执行记录、工序质量记录表的填写工作，停机后或交班前要做好机台周围的清洁工作。

2. 冷堆的注意事项

工作前，检查各传动机构、传动部件是否正常运行，有无缺损，防护装置是否完好。检查轧辊是否清洁，碱槽（或水槽）内是否有杂物，各阀门开关是否在适当的位置，有无泄漏。检查操作板及各仪表是否正常，张力调节装置是否正常，气压调节在适当的范围内。检查打卷装置是否正常，确保织物存放处无杂物，不堵塞通道。检查各部位润滑点润滑是否良好，变速箱油位是否适当，转动是否灵活、无卡阻、无漏油现象。

开机前须先将引导布穿好，取下 A 字架上的转动离合器。用手拨动 A 字架上的卷布辊应能灵活转动。将 A 字架与打卷装置对齐并放置稳定。穿导布时手不得放进两轧辊之间。碱槽内导布辊上穿布时须将碱槽内的液碱排尽。配置好所需的溶液，整个操作过程及运行中操作人员需戴好防腐蚀的手套，穿好长袖衣服，戴好防护眼镜，防止碱溶液溅到身体或眼睛内。在操作面板上选择好要启动的单元，按联络信号通知机上人员离开，机尾人员注意。启动整机，低速运行，在导布走完后，停机将连接在导布尾端的加工布断开。把加工布（必须是润湿状态）贴在A字架的卷布辊上，操作卷布装置的气压开关，落下卷布辊，并检查A字架卷布辊与打卷辊平行并能压紧。落下卷布辊时手不可放在两卷布辊中间。放好卷布辊后低速运行，待卷布正常及各部都运行正常后，升速到正常速度。运行中及时查看各部位有无越位、走偏及严重起皱打折现象，若有，需及时停机处理。严禁靠近轧车伸手拉布或做记号，严禁在运行中将手伸进箱槽内，严禁在打卷处不停机伸手拉布，严禁在运行中处理故障。运行中，操作人员要注意力集中，行走操作中不得东张西望，操作人员要衣着整齐，衣袖扎紧，不得穿拖鞋，长发要挽好，戴好护发帽，谨慎操作，操作人员距离运动体最小距离不得小于200mm。运行中应不断理顺织物，除去织物上的杂质，织物连接需平整，不可打结，发现有打结或异常情况时，应立即停机处理。严禁织物上的铁线、标签等带进机器。A字架上的布卷最大可卷至直径1.5m左右，卷好布后停机，拉开布头，将布头扎好。为防止布卷外层风干，须卷好塑料胶纸，插好离合器销。将布卷（A字架）拉至指定停放处（有插座开关处），先关闭插座的电源开关，再插或拔插头，严禁在没有关闭电源开关的情况下带电插、拔插头，严禁手上带水插、拔插头。插好插头后，合上开关，并记下冷堆堆放和转动的时间。移动A字架时必须停机并拔下插头，严禁在布卷运转时不停机移动A字架，A字架的插头线必须符合要求，无破损，长度不超过2m。

当织物加工即将结束前，应将导布接在织物的尾端带进机器，以备下次开机时用。停机后应对整机进行清洁。清洁轧辊禁止用刀铲之类硬物刮洗。停机检查及清洁时应关闭总电源，并挂上"有人操作，严禁合闸"的警示牌。清洁设备严禁用水冲洗电动机及其他电气设备。

二、蒸洗

1. 基本生产流程

检查机器状况→核对工艺指令单、生产流程卡或实物→按规定车缝→配置工作液→升温机器→调节各机器参数→主机升速进布→浸轧工作液→汽蒸→水洗→轧漂液→汽蒸→水洗→烘干落布

2. 操作顺序

(1) 对设备进行一次全面检查,发现问题及时通知维护人员修理。

(2) 按工艺指令单的次序核对所生产的批号品种,相符后将其接在机头布尾。

(3) 车缝时缝头密度以30针/10cm左右为宜,织物两端的针脚要加密,加密长度为1~2cm。

(4) 按工艺要求配制本机所用的碱液、漂液,配置时要戴好防护手套和眼镜。

(5) 工艺要求。

①全机升温,前机第一、二格温度在90~95℃。

②料槽温度常温。

③汽蒸温度100~102℃。

④水洗槽温度第一、第二、第三格90~95℃,第四格80~85℃。

⑤按工艺要求调节各轧车压力。

(6) 开车前首先响铃,等待回铃方能按启动按钮,车速由慢到快升速。

(7) 按工艺分段检查放入助剂的浓度是否达到工艺要求。

(8) 检查履带箱温度、时间及运行中跑漏现象,发现问题及时解决。

(9) 对落布白度应核对标样,如不符合要求应反映给当班工艺员。

(10) 停机后检查设备完好情况,有故障的地方填写设备维修通知单。

3. 操作要求

(1) 进布前,首先检查来布是否和流程卡上相符,如不同则及时通知领班,暂时不能将布上机生产。

（2）按照工艺要求调配好碱液、漂液至规定的浓度和温度，并按工艺处方规定加入所需助剂。

（3）经常检查设备运转情况，发现问题及时调整或修理，尤其是重点检查轧料的轧车。

（4）经常检查落布质量，包括落布幅宽、落布白度、纬斜、有无破洞、皱条、卷边及油污等。落布检验工应用滴水法做简易毛效测试，每车布测三次；断裂强度用手拉做简易测试，每车布测一次。如不能直接判定时，送检测室检验判定。

（5）经常检查轧碱浓度和温度、漂液浓度和温度、各汽蒸箱的平洗槽温度，并做好碱液浓度、双氧水浓度的记录和毛效测试记录。

（6）按工艺要求设定自动检测器的含潮率，并时刻关注落布干、湿度。

4. 注意事项

（1）开机前提前预热各水槽和蒸箱达到工艺要求。

（2）配制溶液时一定要按化料标准操作，使用自动供料系统时应观察来料有无异常。

（3）配制或者接触各种碱、漂液时要戴好防护手套和眼镜，溅到皮肤或眼睛时，及时用冷水冲洗干净，严重时要及时就医。

（4）料槽的液面要控制一致，防止溢出或忽高忽低。

（5）换作其他品种时，工艺不同应及时测量料槽的碱液和漂液浓度，不符合工艺时应加料或稀释以达到规定浓度。正常运转时每30min测定一次并做好记录。

（6）进布要平整，不能出现打折、跑边等现象。

（7）合理使用蒸汽和水流量，水洗槽水面不溢过隔水挡板，热水不长沸腾。

（8）停机前应根据加工布量多少按需要配制工作液，避免浪费。

（9）停机后各工种检查设备情况，松卸轧车气压，关闭各水电汽和压缩气的阀门，打开蒸汽旁通阀，将加工的布推到指定位置并停放好。

（10）做好生产流程卡、工艺执行记录、工序产质量记录表的记录工作。

必要时做好留样工作。

（11）做好机台清洁工作，保持地面环境整洁。

（12）做好对口交接工作。

第四节 退浆、煮练、漂白

一、退浆

为减少织造时经纱断头率通常经纱需上浆。上浆工艺可分为两种：一种是直接上浆；另一种是经过化学或机械方法处理后再上浆。前者要求浆料要有良好的流变性能，后者则要求浆料具有较好的稳定性。在织造之前要对经纱进行上浆处理，使纱线表面形成一层均匀致密的浆膜，以增加纱线与经纱之间的摩擦，提高其断裂强度和耐磨性。上浆是整个织造或染整加工过程中最重要的环节之一，它不仅影响到纱线表面的浆膜，而且直接关系到染化料与纤维之间的结合情况以及染整工作液对坯布质量的影响等问题，因此必须重视染整过程中水的作用。

经纱上浆的浆料可分为天然浆料、变性浆料和合成浆料三大类。天然浆料包括淀粉、小麦、玉米、甘薯、马铃薯、木薯、橡子、海藻类、褐藻酸钠、红藻胶、植物种子、田仁粉、槐豆粉等类；变性浆料主要有糊精、可溶性淀粉、氧化淀粉、羧甲基淀粉和羧甲基纤维素（CMC）等；合成浆料中又以聚乙烯醇（PVA）和聚丙烯酸类为最多。

浆料的用量根据织物品种而定，目前国内生产的纯棉织物和再生纤维素纤维织物用淀粉或变性淀粉浆料较多，国外主要用聚乙烯醇（PVA）、聚丙烯酸类（PA）等合成浆料。上浆率随织物品种及织机种类而异，在一定范围内，适当改善上浆工艺可以使上浆率达到4%~15%。纱线的长度和质量与经纱上浆率有很大关系，一般府绸类用8%~14%为宜；但对于高密织物来说，在织造过程中会产生较多的浮游纤维，因此上浆率要达到35%以上。为了使浆纱质量符合设计要求，应选择合适的上浆剂。经并捻后纱线可不用上浆，也可采用轻浆。

退浆率表示织物上浆料去除的程度，是评价退浆效果的主要指标，其计算公式为：

$$退浆率=\frac{退浆前织物的含浆率-退浆后织物的含浆率}{退浆前织物的含浆率}\times100\%$$

淀粉浆退浆率测定方法包括水解法、重量法、高氯酸法。在实际生产中，为了提高棉织物的退浆效果，往往按评级法来确定淀粉量和碘液浓度。直接用淀粉浆水比色法来代替传统的重量法来评定淀粉浆的退浆率。并通过实验得出最佳工艺条件。该方法方便、快捷，应用范围较广。

（一）常用浆料及性能

淀粉和变性淀粉是多糖类天然高分子化合物的总称，分子式为（$C_6H_{10}O_5$）$_n$。由于其具有优良的理化性质和生物学特性而被广泛地应用于工业、农业及人们日常生活等领域，已成为当今世界上最重要的生物聚合物之一。通常把淀粉分为直链淀粉与支链淀粉两部分，前者占总淀粉含量的 75%~85%，后者占总淀粉含量的 15%~25%，其中又以直链淀粉为主。直链淀粉为 α-葡萄糖通过 1,4-苷键相连而形成的直链状化合物，平均聚合度小，为 250~4000，结构式如图 2-1 所示。由于它具有良好的乳化性能，被广泛用作食品、医药、纺织等行业中各种材料的增稠剂以及其他功能性添加剂。支链淀粉分子结构除 1,4-苷键以外，还含有少量 1,3-苷键及 1,6-苷键，平均聚合度较大，为 600~6000，结构式如图 2-2 所示。

淀粉对碱较稳定，在室温及低温下，淀粉在烧碱溶液中可发生溶胀。在高温及有氧存在时也能使淀粉分子链中的苷键断裂，聚合度降低，黏度下降。淀粉对酸不稳定，在酸性溶液中苷键发生水解，形成分子量较小、黏度较低和溶解度较高的可溶性淀粉、糊精等中间产物，最后水解成葡萄糖。淀粉会被氧化剂氧化分解，分子量降低。淀粉酶对淀粉水解起催化作用。

淀粉与亲水性天然纤维有很好的黏附性及成膜能力，但其不足之处在于浆液黏度大、稳定性差，所形成浆膜质脆，耐磨性差，与疏水性合成纤维黏附性不强。为克服上述不足，增强浆膜性能及与疏水性纤维黏附性并增加浆液稳定

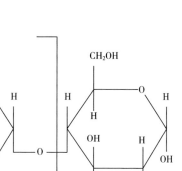

图 2-1　直链淀粉结构式

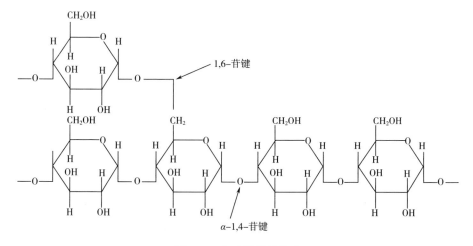

图 2-2　支链淀粉结构式

性，采用物理、化学及其他各种手段使淀粉变性所得产物统称变性淀粉。由于它可与棉或涤纶丝发生接枝共聚作用，所以被广泛应用于纺织品的加工中。

　　变性淀粉分为降解淀粉和淀粉的衍生物（如接枝淀粉）两大类。淀粉的衍生物包括直链型变性淀粉及支链型变性淀粉。降解淀粉是指通过化学或物理的方法使淀粉大分子发生断裂，从而降低浆料浓度及改善浆液流动性的过程。常见的降解淀粉有酸解淀粉、氧化淀粉和糊精；淀粉及其衍生物可以通过酯化、醚化及交联等方法改变淀粉大分子结构中的羟基或其他基团，从而得到各种不同结构的低分子物，如交联淀粉、醚化淀粉以及酯化淀粉等。接枝淀粉将具有一定聚合度高分子化合物接枝侧链引入淀粉大分子链上，从而兼具淀粉和合成浆料两种性能，应用于涤棉混纺纱上浆。

（二）碱退浆

碱退浆在我国印染企业中应用比较广泛，具有较广泛的适用性，可以应用于多种天然浆料及合成浆料中。但由于其对纤维有一定腐蚀作用，因此必须采用合适的脱酸剂才能达到理想效果。目前常用的脱酸剂有硫酸铝、石灰、碳酸钠等。碱退浆费用低廉，一般印染厂都用丝光废碱液退浆，但碱退浆率并不高，为50%～70%，其余浆料应在精练时进一步除去。

1. 碱退浆的作用原理

碱对多数浆料有退浆作用，无论是天然浆料还是合成浆料在热碱溶液中均有溶胀现象，由凝胶状态转变为溶胶状态并与纤维黏着疏松，然后经过机械作用则更易将浆料剥离织物。碱对各种浆料退浆时都存在一个合适的温度范围，只有符合，才能取得良好的退浆效果。如果温度过高或过低都会导致退浆困难，甚至无法进行退浆。羧基含量较高的变性淀粉如羧甲基纤维素（CMC）、聚丙烯酸类（PA）等也能使浆料在稀碱液中脱去部分水溶性的钠盐，增加其溶解度，提高水洗和退浆效果；但由于这些浆料的物理和化学降解作用都比较强，所以在退浆过程中易被破坏掉，再加上水洗槽内水的温度很低，使得这些浆料不能完全溶解于水中，从而影响了织物的退浆效果。因此，在碱退浆前必须对其进行适当的水洗。高效率的水洗设备（如水洗槽等），可使洗液在整个洗涤过程中始终保持一定的浓度差，从而达到良好的退浆效果；热碱液除具有退浆作用之外，还能分解清除棉纤维表面天然杂质，从而起到减轻精练负担之功效。

2. 碱退浆工艺

棉织物的碱退浆可采取绳状处理，也可平幅处理。绳状加工工艺简单、投资少、生产效率高，适用于棉织物的加工。绳状加工过程中易产生织物褶皱，不适用于重浆厚重织物和涤棉混纺织物加工；而平幅加工则可解决上述问题，且操作方便、成本低、设备简单，适合大规模工业生产。平幅加工过程中轧碱可使布面平整光滑，适用于棉织物和涤棉混纺织物。

常用平幅加工的碱退浆工艺如下：

（1）工艺流程。

轧碱→堆置或汽蒸→热水洗→冷水洗

（2）工艺处方与工艺条件（表2-1）。

表2-1 碱退浆工艺处方及工艺条件

工艺处方		工艺条件	
烧碱/（g/L）	5~10	碱液温度/℃	70~80
润湿剂/（g/L）	1~2	堆置时间/min	240~300
		汽蒸温度/℃	100~102
		汽蒸时间/min	30~60
		热水洗温度/℃	80~85

（三）酶退浆

酶是生物体内分泌的一类高效、高纯度蛋白质。它在许多领域都有着广泛而重要的用途。随着科学技术的发展，酶工程已成为当前国际上最活跃、最有前途的一门新兴技术科学之一。它广泛应用于食品、医药、化工等领域。酶有很多类型和使用方法。按来源可分为动物酶、植物酶和微生物酶；按其催化作用的性质分为氧化还原酶、水解酶、裂解酶等。淀粉水解是其中最重要的催化作用之一。对淀粉水解具有催化作用的酶，称为淀粉酶，主要用于淀粉和变性淀粉上浆织物的退浆。用淀粉酶退浆，退浆率高，而且不会破坏纤维，淀粉水解反时不会有有毒物质的生成，有利于环境保护。

1. 淀粉酶的特性及退浆原理

淀粉酶可分为两种：α-淀粉酶和β-淀粉酶。其中α-淀粉酶适用于棉纤维和非织造布上的退浆；β-淀粉酶可广泛用于羊毛、蚕丝等天然纤维和合成纤维的退煮漂处理。由于淀粉退浆后，淀粉大分子上的α-苷键被破坏而使淀粉酶失去活性，发生水解断裂，形成具有较小分子量和较大溶解度的低分子化合物，经水洗后，这些水解产物又重新溶解于水中，从而达到退浆目的。

2. 淀粉酶的退浆工艺

根据设备、织物以及酶的品种不同，淀粉酶退浆工艺有浸轧法、浸渍法和卷染法等，现以浸轧法为例说明如下。

（1）工艺流程。

浸轧热水→浸轧酶液→堆置或汽蒸→水洗

浸轧热水可以加快浆膜溶胀，促使酶液较好地渗透到浆膜中去。也可采用预水洗的方法，即先将烧毛后的织物在80~95℃的热水中水洗，经过预水洗的织物要挤去水分，以免在浸轧酶液时影响酶液的浓度。浸轧酶液时，织物的轧液率控制在100%左右，在酶液中加入适量的氯化钙可起一定的活化作用。淀粉酶对织物上淀粉的完全分解需要一定的时间，保温堆置可以使酶对淀粉进行充分的水解，使浆料易于去除。保温的温度与时间，要根据酶的性质和设备条件进行设定。对于高温酶，则可以采用连续化轧蒸工艺。浆料水解后，需要经过热水水洗才能从织物上去除，可以在热水中加入洗涤剂或烧碱提高洗涤效果。

（2）工艺处方与工艺条件（表2-2）。

表2-2 酶退浆工艺处方与工艺条件

工艺处方		工艺条件		
		项目	堆置法	高温汽蒸法
淀粉/(g/L)	1.5~2	浸轧酶温度/℃	55~60	80~85
食盐/(g/L)	3.5	轧液率/%	100~110	100~110
渗透剂/(g/L)	1	堆置温度/℃	40~50	100~102
		堆置时间/min	120~240	3~5

（四）氧化剂退浆

氧化剂退浆就是用氧化剂将浆料氧化降解，使水溶性提高，水洗后易除去而实现退浆。氧化剂退浆后的溶液可以直接用作天然浆料或合成浆料的原料。目前主要应用于棉织物和涤纶织物的退浆处理，也适用于羊毛及真丝织物的退浆。氧化剂分为化学类和物理类两大类。氧化剂的漂白作用强，其退浆率比碱退浆提高90%~98%，但随着氧化剂用量的增加，纤维素含量也随之降低。工业中常用氧化剂包括过氧化氢、过硫酸盐（过硫酸钠、过硫酸铵、过硫酸钾）、亚溴酸钠。

过氧化氢退浆是一种传统而又十分有效的方法，但是由于其工艺复杂，成本较高，限制了它的广泛应用。近年来随着技术进步和发展，过氧化氢既对聚乙烯醇（PVA）有很好的退浆效果，又能很好地氧化淀粉浆，因此它同样适用于以PVA为主要成分的混合浆。过氧化氢退浆可用一浴法，也可用二浴法。

1. 一浴法退浆工艺

①工艺流程。

浸轧退浆液→汽蒸→热水洗→冷水洗

②工艺处方与工艺条件（表2-3）。

表2-3　过氧化氢一浴法退浆工艺处方与工艺条件

工艺处方/（g/L）		工艺条件	
35%双氧水	4~6	浸轧温度	室温
稳定剂	2~4	汽蒸温度/℃	100~102
烧碱	10~15	汽蒸时间/min	20~30
润湿剂	2~4	热水洗温度/℃	80~85

2. 二浴法退浆工艺

①工艺流程。

浸轧过氧化氢液→浸轧碱液→热水洗→冷水洗

②工艺处方与工艺条件（表2-4）。

表2-4　过氧化氢二浴法退浆工艺处方与工艺条件

工艺处方/（g/L）			工艺条件	
过氧化氢液	35%双氧水	4~6	浸轧温度/℃	40~50
	稳定剂	2~4	pH 值	6.5
	润湿剂	2~4		
碱液	烧碱	8~10	浸轧温度/℃	70~80
			热水洗温度/℃	8~85

二、煮练

原布经退浆处理，棉织物表面绝大部分浆料和少部分天然杂质已经除去，但残余浆料与绝大部分天然杂质一起会使织物颜色变黄，润湿渗透性变差。因此需要进行精练（煮练）以去除织物中的天然杂质，同时也降低了浆料的吸水性。影响棉织物精练效果的因素有很多，如去杂程度、润湿性、白度及有无练疵等。通过测定棉织物表面油脂和蜡质的残留百分率来评价精练的去杂效果，并以棉织物表面残蜡含量为主要检测指标。

（一）棉纤维中纤维素共生物及棉籽壳

棉纤维主要由纤维素组成，除了纤维素之外还含有一定数量的天然杂质，它们与纤维素共存，故又称纤维素共生物。纤维素共生物由果胶物质、含氮物质、蜡质、灰分及色素等组成，在棉纤维中约有 1/3 的纤维素共生物分布于纤维的初生胞壁上，而其余的纤维素共生物则分布于棉纤维表面。此外，棉纤维上还含有伴生物——棉籽壳，会对织物外观及手感产生影响。

1. 果胶物质

果胶物质在自然界植物体内普遍存在，在天然纤维素纤维棉和麻中都有这类物质存在。随着棉纤维成熟程度增加，棉纤维果胶物质含量逐渐减少。它可以与蛋白质结合形成网状结构，也可直接被微生物降解为单糖和二糖等小分子化合物。因此，棉纤维中的果胶物质对人体有一定的保健作用。果胶物质以果胶酸衍生物为主。果胶酸为典型的半乳糖醛酸的链状结构，其结构如下：

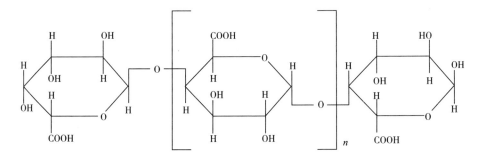

果胶酸虽含有大量亲水性羟基、羧基等，但其亲水性低于纤维素自身，因为棉纤维表面果胶物质有一部分以钙盐、镁盐、甲酯等形态存在。另外，果胶物质中含有一定量的亲水基团（如氨基），使其与棉及其混纺织物发生物理或化学作用时变得更加困难，特别是在染色过程中。这就给后整理带来了困难。果胶物质也会影响纤维色泽及润湿性，对纤维染色、印花及其他化学加工不利，还会给染色制品染色牢度带来不利影响，所以在前处理过程中必须除去。

2. 含氮物质

含氮物质在纤维胞腔内主要以蛋白质形式存在，在初生胞壁及次生胞壁内也有一定含量，一般含量为 0.2%~0.6%。纤维表面如果含有蛋白质，那么面料在处理或者服用时，经漂洗后，接触有效氯，极易生成氯胺而导致面料发黄。因此，对棉纤维进行脱氨处理具有重要意义。

3. 蜡质

棉纤维中难溶于水，可以用有机溶剂抽提的材料统称蜡质，它是由许多含蜡分子组成的混合物。按其分子结构可分为非结晶类（包括纤维素和半纤维素）、结晶类及无定形类。蜡质对纤维的润湿性能起着重要作用。因此，为了提高精练效率，选择合适的脱蜡方法十分重要。应注意少量蜡质保留有利于织物手感，通常要求精练后残蜡含量约为 1%。

4. 灰分

成熟棉纤维灰分由多种无机盐构成，主要有硅酸、碳酸、盐酸、硫酸以及磷酸中 K、Na、Ca、锰盐、Fe_2O_3，Al_2O_3。棉纤维中各成分的总含量一般在 0.5% 左右。这些无机盐不仅会降低纤维的吸水性，而且影响其白度和手感。

5. 色素

棉纤维内有色物质叫色素，色素对织物白度有影响，可用漂白作用除去。

6. 棉籽壳

棉籽壳与棉纤维并非共生物。棉花与棉籽壳是两种不同性质的物质。棉籽壳具有较高的吸湿性能，对人体健康有害；而棉纤维则无毒无害，有利于纺织加工。籽棉在轧花过程中会产生大量的棉籽壳，而棉纤维则从棉籽壳中提取出来。棉籽壳化学组成主要为木质素、单宁、纤维素、半纤维素等多糖类物质，此外还有少量蛋白质、油脂及矿物质等，而主要为木质素。

（二）精练原理

以烧碱为精练主要用剂，至今仍是棉织物的主要精练手段。烧碱用量、助练剂种类及用量、工艺条件和加工设备等对棉纤维中各种天然杂质的去除有很大影响，从而决定着整个精练过程的效果。采用碱处理对棉织物进行化学预处理，可使织物上的蛋白质含量降低50%以上；同时还能改善棉织物的手感、弹性等。精练后的面料外观整洁，吸水性明显增强。精练是通过水解、皂化、乳化、复分解和溶解等步骤对棉纤维进行处理。棉纤维中含有大量的果胶酸及其衍生物，它们与碱反应生成易溶于水的盐，如烧碱和可溶性的羧酸钠盐等，这些盐可从果胶大分子链上解离下来，从而得到有用的果胶物质；另外，棉纤维素分子上含有大量亲水基团，它与碱液接触时容易形成亲水性胶束，会降低碱洗的效率。因此，棉纤维中的杂质必须经过预处理后方可进行脱胶处理。蜡质中的脂肪酸类物质在热稀碱溶液中经皂化后也能完全脱除；蜡质中除含有少量的高级醇外，还含有多种碳氢化合物和助练剂，如肥皂中的平平加O，对人体有一定的保护作用，也是净洗剂的重要成分之一，具有良好的乳化作用。

棉纤维上的含氮物质主要为无机盐类，如硝酯盐、亚硝酯盐等，这些含氮物质含量一般在15%~20%，在60℃左右的温度下，用稀酸或稀碱溶液溶解。灰分则主要是由无机盐组成，一般采用水洗或酸洗等方法去除。棉籽壳中含有较多的单宁、蛋白质、油脂、矿物质以及多糖类物质等，在纯碱或烧碱的作用下会发生不同程度的化学作用，使其在水中的溶解度降低；木质素是一种重要的杂质，它在高温下容易溶解于烧碱的碱液中，从而降低了其在水中的溶解度；在精练液中加入亚硫酸氢钠可以使木质素及其衍生物溶解出来。由于这些因素的存在，使得在碱性条件下处理棉籽壳，效果不是很理想。为了达到较好的脱胶效果，必须对棉籽壳进行适当的预处理。首先要加热煮碱，烧碱液对棉籽壳有一定的溶胀作用，可通过水洗和机械搓擦等方法将其从织物上剥离下来。常压烧碱汽蒸精练中，若作用时间和温度不足，棉籽壳不容易去除干净，可通过漂白时木质素的氯化、氧化作用进一步除去。

（三）精练设备与工艺

精练设备种类很多，精练方式有间歇式、半连续式、连续式三种，其中连续式精练根据织物在加工过程中的不同操作状态又有绳状、平幅等类型。煮练过程与所用加工方式及所用设备有密切关系。在对精练效果影响较大的因素中，选择合适的煮漂参数是非常重要的。

1. 连续式汽蒸精练

（1）常压绳状连续汽蒸精练。退浆处理后织物可入常压绳状连续汽蒸煮练联合机精练。与传统的间歇式练漂法相比，它具有能耗低、污染小、成本低等优点。连续绳状精练的设备生产效率高，但对一些高支高密或厚密及特薄的织物易产生精练不匀、擦伤、折痕、纬斜等疵病，涤棉混纺织物也不宜绳状加工。

（2）常压平幅连续汽蒸精练。常压平幅连续汽蒸精练的工艺流程与绳状连续汽蒸精练相似，经退浆后的织物以平幅状态进入常压平幅连续汽蒸精练联合机进行精练，连续平幅精练适合于各种类型的织物的加工，加工后的半制品质量较高。

①常压平幅汽蒸精练联合机，又称平幅汽蒸练漂联合机，是目前使用非常广泛的棉机织物前处理加工设备，该设备由浸轧槽、平幅汽蒸箱、平洗机等单元组成。汽蒸箱的形式多样，平幅汽蒸练漂联合机类型较多，生产中常用的汽蒸箱形式有 J 型箱式、履带式、辊床式、全导辊式、R 型液下式等。

②常压平幅汽蒸精练工艺。

a. 工艺流程。

轧碱→汽蒸→（轧碱→汽蒸）→水洗

b. 工艺处方与工艺条件（表2-5）。

表 2-5　常压平幅汽蒸精练工艺与工艺条件

工艺处方/（g/L）		工艺条件	
烧碱	25~50	碱液温度/℃	70~80
表面活性剂	5~8	轧液率/%	80~90
软水剂	0~1	车速/（m/min）	40~100

工艺处方/（g/L）		工艺条件	
精练剂	0~5	汽蒸温度/℃	100~102
		汽蒸时间/min	60~90

（3）高温高压平幅连续汽蒸精练。高温高压平幅连续汽蒸练漂机具有占地少、劳动强度小、加工迅速、半制品周转迅速、耗汽比较节省等特点，可以用来加工普通中厚织物。可提高生产效率，减少用工量，降低生产成本，特别是在原料成本上涨时，具有较大的竞争力，有利于环境保护。但在生产过程中，特别是对易变形的纯棉织物，由于温度高、压力大，容易使其处于膨化状态而造成损伤；另外，唇封口材料寿命较短，在高温及碱作用下会导致材料变脆，对产品质量、加工精度造成不良影响。

2. 半连续式平幅汽蒸精练

半连续式采用轧卷汽蒸或者堆置的方法平幅精练。这种方法在国外已广泛应用于生产。国内也有不少单位引进了这一技术并开发出一些新产品。轧卷式汽蒸练漂机是一种新型的半连续式平幅汽蒸漂设备，它由浸轧部分和汽蒸室两大部分组成，并配有布卷汽蒸车作动力。本机的特点在于其结构简单，能够适应多品种小批量的加工，面料平整无皱，但其布卷有时出现内外练漂不均匀的现象，而且操作较为繁杂。

3. 间歇式（煮布锅）精练

间歇式生产就是用煮布锅加工绳状精练。这种生产方式的特点在于：工艺简单，产品质量稳定，生产效率高，劳动条件好。因此，在国外已被广泛采用。我国也开始逐步地应用这种方法。煮布锅作为一种小型的间歇式生产设备用于织物的洗涤和整理时，一般都采用绳状形式来实现。该装置精练匀透、除杂效果佳、精练品种适应性强、灵活性较大，但因其为间歇式生产，生产效率较低，劳动强度较大，故仅适用于小批量生产。因此，如何提高设备的精练效果就显得尤为重要了。

（四）影响精练效果的主要因素

精练工艺应以纤维材料来源及含杂情况、所用器材等因素为依据。精练是纤维加工中重要的工序，它不仅可提高成纱质量，而且能降低能耗及减少废水排放。因此，必须对精练过程进行控制。精练效果与其工艺因素，如碱液浓度、煮练温度及时间、其他助练剂品种及用量有一定关系。

1. 碱液浓度

烧碱用量要从织物种类及含杂、所用设备种类、精练方式、后加工产品质量要求来考虑。选择合适的烧碱用量是保证产品质量稳定的关键措施之一。常压平幅汽蒸精练的轧液率在80%~90%，烧碱浓度在25~55g/L；常压绳状汽蒸精练时，轧液率在120%~130%，烧碱浓度在20~40g/L。

2. 精练温度

试验表明精练温度过高或过低均会使烧碱用量增加，且不利于去除杂质。精练温度在100~141℃时，棉纱失重率较低，但当温度超过100℃后，棉纤维中杂质和残腊含量迅速增加，因此常压汽蒸精练的温度在100~102℃为宜。

3. 精练时间

精练时间的长短是决定精练效果好坏的一个主要因素，时间越长越有利于除去蜡质。通常在常压下汽蒸精练1~1.5h。精练时间与精练温度有密切关系，精练温度越高精练时间可以越短，否则精练时间应越长。

4. 助练剂

棉机织物的碱精练，主要用烧碱。另外，为改善精练效果，精练液一般还要添加精练酶、表面活性剂、软水剂、稳定剂等。

三、漂白

（一）漂白的目的与方法

1. 漂白的目的

棉织物经精练，绝大部分杂质已经除去，织物吸湿性得到较大程度改善，织物的手感和外观也得到了很大的改善，但织物中含有大量的天然色素，这些色素对漂白产品和染色或印花产品影响较大。对白度要求较高的织物，可以进一步漂白。棉织物经退浆、精练后再进行漂白处理，可有效地除去天然色素及在退浆、精练过程中未除净的杂质。

对各种漂白产品（包括浅色和白底印花产品）来说，二次漂白后再进行染色或印花的最终产品质量要好一些，但也有部分产品只需要一次漂白。在染整加工过程中，漂白处理是十分重要的一道工序。它直接影响到染色、印花产品质量及最终成品的色泽、手感等外观品质。所以，应高度重视漂白处理工作。在生产中，应针对不同产品的不同需要，合理地选择漂白方法和工艺。

由于天然色素的作用会使棉织物对光的反射率降低，棉织物经漂白后，会改善对光的反射率。测定棉织物漂白后的效果，要将棉纤维的漂白效果以及漂白对纤维的损伤程度等方面结合起来进行综合评价，一般来说白度可通过白度仪或者电脑测色仪测得。

2. 漂白剂与漂白方法

漂白的方法有浸漂、淋漂和轧漂三种。轧漂属于连续式加工，而浸漂和淋漂属间歇式加工。对棉机织物进行漂白时，一般采用连续轧漂为主，而漂白的工艺与采用的漂白剂密切相关。

漂白剂可分为两大类：还原性漂白剂及氧化性漂白剂。还原性漂白剂常采用亚硫酸钠或连二亚硫酸钠等，但由于还原性漂白剂中含有较多的还原色素而使漂白效果不理想，所以在实际生产中应尽量不用或少用还原性漂白剂。常用的氧化性漂白剂有次氯酸钠、过氧化氢、亚氯酸钠、过硼酸钠和过氧乙酸等。这些氧化性漂白剂均具有较强的氧化作用，能够破坏色素，但对棉纤维有损伤。在棉织物的工业生产中常用的漂白剂有过氧化氢（双氧水）、次氯酸钠、亚氯酸钠等，其中以过氧化氢和次氯酸钠为主。由于过氧化氢漂白产品具有较高的环保性，所以常采用浸漂淋漂或轧漂等短流程方法进行处理。次氯酸钠的漂白成本低，适用于棉织物、涤/棉织物及麻类织物等。但次氯酸漂白废水处理费用高，处理时间长，会对环境造成污染，所以现在正逐步减少使用。亚氯酸钠漂白具有工艺简单、设备投资少和纤维损伤小等优点，可用于棉、麻和涤/棉织物的漂白。但在漂白中释放出的二氧化氯腐蚀性强、毒性大，对漂白设备要求很高，漂白成本较高，且有污染环境，其应用也受到了一定的限制。

（二）过氧化氢漂白

1. 过氧化氢的性质及漂白原理

（1）过氧化氢的性质。过氧化氢又叫双氧水，化学分子式为 H_2O_2，是一种氧化性较强的漂白剂，商品双氧水为无色的水溶液，浓度一般有 27.5%、30%、35%，也有高浓度的，达 50%。纯双氧水极不稳定，浓度高于 60% 和温度稍高时与有机物接触容易引起爆炸。在染整生产中，一般采用双氧水浓度为 30%~50%。双氧水随着 pH 值的不同，溶液的组成及稳定性也会发生变化。碱性时双氧水很容易被分解，而酸性时双氧水相对稳定。

（2）双氧水的漂白原理。双氧水漂白棉纤维是个很复杂的反应过程，一般认为其分解后生成大量的 HO_2^-，其能与色素内部双键发生加成反应，从而打断色素原有的共轭系统，破坏天然色素发色体系，起到消色和漂白作用。

2. 双氧水漂白工艺

双氧水漂白有多种方法，通常采用浸漂与轧漂两种，其中轧漂又可分为轧蒸漂和轧卷漂。轧蒸漂是织物浸轧漂液后进入汽蒸箱进行高温汽蒸。轧卷漂属于半边续式平幅加工，织物浸轧漂液后打卷，室温或保温堆置。双氧水漂白用哪种方式进行，应看设备条件、加工品种和质量要求而定。应用最为广泛的是连续汽蒸轧漂，因为它具有设备生产效率高、产品质量稳定等优点。连续汽蒸轧漂设备加工方式有绳状和平幅之分。由于绳状加工易产生折痕和处理不均匀，所以当前棉、涤/棉机织物漂白工艺主要采用平幅汽蒸轧漂技术。

（1）工艺流程。

浸轧漂液→汽蒸→水洗

（2）工艺处方与工艺条件（表 2-6）。

表 2-6 双氧水平幅轧蒸漂工艺处方与工艺条件

工艺处方/（g/L）		工艺条件	
双氧水（100%）	2~2.5	漂液 pH 值	10.5~11
稳定剂	4~6	轧液率/%	80~90
渗透剂	1~2	浸轧温度	室温

续表

工艺处方/（g/L）		工艺条件	
NaOH（烧碱）	适量	汽蒸温度/℃	95~100
		汽蒸时间/min	45~60
		平洗温度/℃	85~90

3. 影响双氧水漂白的主要因素

（1）漂液 pH 值。双氧水漂白时漂液 pH 值对漂白质量有重要影响，恰当地控制 pH 值可以使双氧水稳定地分解有效漂白组分，从而达到理想漂白效果，即获得织物白度最好，纤维损伤最小。双氧水在酸性到弱碱性的条件下较为稳定，分解率较低，而在碱性条件下分解率较高，pH 值在 10 以上更为明显。综合考虑双氧水的分解速率，织物的白度、强度、纤维的聚合度等多种因素，漂液 pH 值应控制在 10~11 为宜。

（2）漂白的温度与时间。漂白过程中温度和时间对漂白效果也有显著影响，它们之间关系密切、互相制约，漂白温度升高，可加速双氧水分解速率，缩短漂白时间；反之，漂白温度降低，漂白时间就会增加。在室温下双氧水的漂白速率比较缓慢，漂白时间较长，堆置时间常需 12h 以上，若采用高温气蒸漂白，漂白时间只需 45~60min，而在高温高压下漂白，漂白时间一般为 1~2min 即可。

（3）双氧水的浓度。通常白度随双氧水浓度的增大而增大，但并不是呈正比关系。双氧水浓度达某一值后，白度已不继续增加，但纤维聚合度有较大幅度地降低。实际大生产中应根据织物品种、精练情况、加工要求等因素决定双氧水浓度。使用浓度过大或过低都不利于漂练过程的顺利进行，甚至会引起严重的质量问题。因此，必须合理地控制好双氧水的用量。一般情况下双氧水（100%）的浓度，控制在 2~6g/L。由于双氧水浓度和漂白温度、时间对漂白效果的影响是互相关联的，可将浓度、温度与时间三个因素联合调整以达到最佳效果。

（4）稳定剂的使用。酸性时，双氧水比较稳定，即使升温至高温仍不容易分解，一般商品双氧水溶液中加入大量无机酸作为稳定剂。双氧水的无效分解产物并无漂白作用，有的还会加速纤维素的降解。为了阻止这些物质的催化作用，使双氧水发生有效分解生成对漂白有效的 HO_2^-，漂液中往往加入一定数量的稳定剂以保持稳定与分解作用的平衡，以利于漂白过程顺利进行。

第五节　丝光

用浓烧碱溶液加工时施以张力，使纺织品得到如丝般光泽，人们习惯称之为丝光。棉机织物的丝光是指棉纤维表面的超分子结构和形态结构发生改变，使棉机织物具有良好的尺寸稳定性及优良的染色性能和拉伸强度。丝光按加工品种可分为原布丝光、漂白前丝光、漂白后丝光及染色后丝光等。原布丝光主要用于练漂加工，经过丝光处理后，其外观和力学性能均可达到或超过工业用布标准；原布丝光的目的主要在于去除纤维中的杂质，使其表面光滑、平整、光洁。丝光的方法有两种：一是先碱煮再漂洗；二是先碱煮后酸漂。漂白前丝光和漂白后丝光有很大区别。漂白前丝光是指在漂白之前对纤维进行处理，漂白前丝光处理的织物达到一定程度白度及手感，但丝光效果不如先漂白后丝光的织物，在漂白过程中易损伤纤维，不适用于染色品种，尤其是厚重织物的加工。漂白后丝光应用最多，能得到更好的丝光效果，且丝光之后碱液更干净，利于碱液循环利用。

一、丝光设备的构造及作用

棉机织物丝光设备有布铗丝光机、直辊丝光机和弯辊丝光机三种，使用较多的是布铗丝光机。

（一）布铗丝光机

布铗丝光机通常有单层与双层两种型式，它由平幅进布装置、前轧碱槽装置、绷布辊筒装置、后轧碱槽装置、布铗扩幅装置、冲洗吸碱装置、去碱箱、平洗机、烘筒烘燥机以及平幅出布装置组成。

织物进入轧碱槽经历时间约为20s，在轧碱槽内用冷水对夹层进行降温，然后再进入冷却槽中冷却，将碱液的温度保持在 20℃ 左右，轧液率为 120%～130%，有利于碱与纤维作用。后轧碱槽压力要大，织物带碱量要小，轧液率小于 65%，便于淋洗去碱。轧碱槽中碱液浓度可根据品种要求控制在 120～260g/L，补充液碱的浓度为 300～350g/L，每个轧碱槽间有连通管相连接，碱液进行逆向流动，以保证碱液浓度的均匀。在前后轧碱槽之间的上方装有十多个上下交替排列的绷布辊筒，目的是延长织物带碱时间，防止面料浸碱时急剧收缩。织物通过轧碱、绷布等环节需 30～50s。

由后轧碱槽输出的面料带碱量较高且具有较大收缩倾向，所以带浓碱液面料须通过布铗扩幅装置拉伸到指定宽度，其功能是使布铗夹着面料布边对纬向施加张力来防止面料吸碱之后出现收缩现象，同时使面料处于拉伸状态，经冲洗吸碱装置将织物上的烧碱含量冲洗到 70g/kg 织物以下。为使面料有较充足的带浓碱时间，通常是在面料进入布铗链长度 1/4～1/3 时开始漂洗去碱，织物从轧碱开始到第 1 次冲洗之间，带浓碱时间为 50～60s。

冲洗吸碱装置包括跨越布幅设置于布面之上的冲淋器及真空吸碱器，其冲洗方式为每间隔一定距离冲淋器向布面淋入稀热碱液（70～80℃），真空吸碱器平板表面布满小孔或者狭缝，且平板贴附于布面之下，利用真空使淋入布面的稀热碱液渗入面料中，从而实现冲、吸协同作用以去除布面烧碱。丝光机有 4～6 套冲吸装置，每套装置由冲淋器、真空吸碱器及贮碱槽三部分构成。冲淋器与真空吸碱器之间有一个连接管道，用于输送液体介质。由真空吸碱器吸下的碱液，排入丝光机下面的储碱槽中，储碱槽分为数格，槽内各格的碱液顺次用泵送到前一冲淋器去淋洗织物，最前一格的碱液浓度最高，通过反复循环淋洗，槽内碱浓度逐渐升高，当槽内碱液浓度达到 50g/L 时，使用泵送至蒸碱室回收。

去碱箱是一个密闭的有盖箱子，箱盖可以打开，便于穿布及处理故障。箱体进出口均有水封，阻止箱内蒸汽向外泄漏。洗碱在去碱箱内逐格倒流，与反向运行织物上较浓的碱液交换，织物层间装有直接蒸汽管，当织物通过时，向织物喷射蒸汽，织物被加热，部分蒸汽在织物上冷凝成水，渗入织物内部，直接蒸汽加热起提高织物温度和冲淡织物上碱浓度的作用。

冷凝、冲洗及交换过程中，织物表面的含碱量应控制 5g/kg 织物以内。接

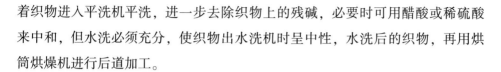

着织物进入平洗机平洗，进一步去除织物上的残碱，必要时可用醋酸或稀硫酸来中和，但水洗必须充分，使织物出水洗机时呈中性，水洗后的织物，再用烘筒烘燥机进行后道加工。

（二）直辊丝光机

直辊丝光机是将平幅织物包绕在多只直辊上对织物进行丝光加工，不需要三辊轧碱装置，没有绷布辊筒的增加碱作用时间。具有工艺简单、能耗低、产品质量好的特点，适用于棉、毛、丝、化纤及麻类织物的丝光处理。直辊丝光机主要由进布装置、碱液浸轧槽内的重型轧辊、去碱槽、去碱蒸箱及平洗槽等组成。

进布装置的弯辊扩幅作用使碱液浸轧槽内的水与直辊丝光机上的水在直辊圆周表面形成一定程度上的摩擦力，从而增加织物幅宽，使直辊进行扩幅时产生的热量传递到碱液浸轧孔内，再经重型轧辊将碱液压入去碱槽内，直辊浸没在稀碱溶液中，用以洗去织物上的浓碱液。织物从去碱槽出来后进入去碱蒸箱进一步去碱，经平洗槽平洗至中性后，由烘筒烘燥机烘干，即完成丝光过程。

直辊丝光机具有丝光均匀、不破边等优点。但由于没有纬向扩幅装置，扩幅效果差，织物纬向缩水率大等往往难以达标。为了克服上述不足，开发了一种带有扩幅装置的直辊丝光机，主要由直辊浸碱槽、直辊膨化槽、针板扩幅装置、直辊去碱槽和平洗槽组成。

织物进布后经重型轧辊轧水后进入直辊浸渍槽浸轧碱液，织物的收缩由膨化槽的直辊进行控制，然后由针板扩幅装置进行扩幅，这两个装置使织物的收缩率得到有效控制。针板扩幅装置中间位置已开始去碱，面料进入直辊去碱槽中进一步去除碱液，最终通过平洗槽进行平洗。

（三）弯辊丝光机

弯辊丝光机通过弯辊实现扩幅，织物绕经弯辊套筒弧形斜面，承受纬向分力使布幅变宽，弯辊扩幅能力与其圆弧半径、弯辊直径及织物对套筒面包绕角等尺寸相关。

弯辊丝光机分为上下两层，结构简单，占地面积小。采用该设备对粗纺呢绒进行丝光处理后，可使产品的手感柔软、丰满和富有弹性，其外观质量也有显著提高，因此得到广泛推广与应用。弯辊丝光机有很好的扩幅效果，但由于纬纱呈弧状，对经纱要求高；此外，织物为双层叠合处理，洗碱效率不高，且织物缩水率不可控，弯辊丝光机较少用于实际的大规模生产。

二、棉机织物丝光的基本原理

（一）丝光原理

棉机织物印染加工时受外力大，使得纤维内氢键变形并有内应力作用，织物形貌不稳，遇水易缩水变形。用浓烧碱对棉针织品进行处理后再丝光，从而达到提高染色效果、改善外观质量及增加其抗皱性等目的。丝光时用浓烧碱液对棉纤维进行处理会发生剧烈溶胀，使纤维内部形成大量的无定形区，纤维之间的氢键遭到破坏，并产生一定程度上的张力，丝光完成后纤维素大分子间的氢键重新分布到织物表面，使织物的形态趋向稳定。

浓烧碱溶液对棉机织性能影响机理研究表明，在一定条件下，各种物理化学过程都可以促进或抑制棉纤维与浓烧碱反应生成碱纤维素，从而改变了纤维的溶胀情况及棉纤维的形态结构及超分子结构。

棉纤维在高浓度的浓烧碱作用下会产生不可逆溶胀现象，使钠离子从纤维的表面向内部扩散，形成无定形区，导致纤维中的晶区逐渐消失；而且还能向纤维外表面扩散。所以当加入碱液后就可使织物迅速收缩而失去弹性。钠离子本身就是一种具有很强水化能力的离子，当水分子通过其表面上的66个水化层后，钠离子就会进入纤维内部，使纤维膨胀，从而引起纤维的溶胀。

烧碱和天然纤维素相互作用，产生碱纤维素。由于碱纤维素具有较强的亲水性和较好的化学稳定性，因此丝光处理后可以得到良好的染色效果。整个丝光过程，纤维素变化可用下式表示：

$$\text{纤维素 I} \xrightarrow{\text{NaOH}} \text{Na}^-\text{纤维素} \xrightarrow{\text{H}_2\text{O}} \text{H}_2\text{O}\cdot\text{纤维素} \xrightarrow{-\text{H}_2\text{O}} \text{纤维素 II}$$
$$\text{天然纤维素} \qquad\quad \text{碱纤维素} \qquad\qquad \text{水合纤维素} \qquad\quad \text{丝光纤维素}$$

（二）丝光棉的结构与性能

浓碱处理棉纤维时，因不可逆溶胀作用表现为棉纤维表面螺旋状扭曲现象消失、经向缩小、横向变大，其特殊腰子形截面变大、变圆，胞腔趋于消失。当采用较低的压力时（小于1MPa），会造成毛羽增加。但是随着压力的增高，毛羽又逐渐减少，直至完全消除；反之，毛羽量反而增多。张力使棉纤维表面出现小皱纹和粗糙现象，从而影响织物表面的平滑度及横截面的形状，特别是当织物为圆柱体时，这种缺陷更明显地暴露出来，严重影响棉机织物的质量。另外，由于织物类纤维形态结构复杂，其本身具有良好的光泽，通过改变张力可以改变其光泽。

浓碱处理破坏了棉纤维原有的超分子结构，而染料及其他化学药品对纤维的作用发生在无定形区，所以丝光后，棉纤维的化学反应性能和对染料的吸附性能都能得到提高。棉纤维发生剧烈溶胀时，纤维的无定形区和部分晶区的氢键被大量拆散，在张力作用下，纤维素大分子沿纤维轴进行重新排列，在稳定的位置重新建立起新的氢键，使棉机织物的形态尺寸趋向稳定。由于纤维充分溶胀，大分子间作用力被破坏，氢键断裂，纤维表面不均匀变形被消除，从而限制了其运动过程中的薄弱环节，弯曲的大分子得以舒展、伸直，纤维相互贴紧，防止大分子的滑移。同时受张力影响，纤维素大分子排列组合规整，纤维分子之间相互作用力增大，纤维之间抱合力增强，丝光处理后纤维取向度随之增大，使纤维能够均匀地抵抗外力，降低应力集中导致纤维断裂的现象发生的概率，因此经过浓碱丝光处理后纤维强度增强。

三、丝光工艺

（一）丝光工艺分类

丝光工艺根据设备和品种的不同大致分为三类：

（1）根据布铗丝光机的结构组成，棉机织物丝光工艺流程为：

进布→浸轧碱液→绷布→扩幅淋洗→去碱→平洗→轧水烘干。

（2）根据直辊丝光机的结构组成，棉机织物丝光工艺流程为：

进布→弯辊扩幅→浸轧碱液→去碱→平洗→轧水烘干。

（3）采用湿布进布时丝光的工艺流程为：

进布→轧水→浸轧碱液→针板扩幅→去碱→平洗→轧水烘干。

（二）丝光的作业指导

1. 基本生产流程

检查机器状况→核对工艺指令单、生产流程卡和实物→按规定车缝→设定自动化料配置参数→按工艺升温→调节各机器工作参数→主机进布升速→浸轧工作液→调节布铗扩幅装置→升起冲洗吸碱装置→水洗→烘干→落布

2. 操作顺序

（1）对设备进行一次全面检查，查看轧辊布铗轨道内是否有杂物，布铗链条是否松紧一致。

（2）按工艺指令单的次序将核对无误的待加工布推至机前准备进布。

（3）按要求车缝布头。

（4）投入所用的液碱，并按照工艺浓度、温度操作使之符合要求。

（5）按工艺要求对全机升温，温度设定为：

①冲吸碱温度 60~70℃；

②直辊稳定槽温度 70~80℃；

③去碱第一、第二格温度 90~95℃；

④平洗槽温度 80~85℃。

（6）按工艺要求调节轧车压力及张力架压力。

（7）开机前首先响铃，等回铃后方能按启动按钮，车速由慢到快逐步升速。

3. 操作要求

（1）检查布铗是否灵活，有无脱铗或咬破布边。

（2）检查两边布铗速度是否一致，避免纬斜。

（3）检查探边器是否正常工作。

（4）检查轧槽的碱液浓度是否符合工艺规定。

（5）检查布铗扩幅是否达到要求。

（6）检查各碱泵、喷淋碱泵、吸碱泵、预喷淋泵等的工作状态是否正常。

（7）检查落布幅宽是否达到工艺要求，布面平整无破边、皱条、污渍、水印等现象。

（8）落布 pH 值控制在 7~8。

（9）做好生产流程卡、工艺执行记录、工序质量记录表的记录工作，必要时，做好留样工作。

（10）检查各水洗槽逆流水道是否畅通，各水箱内是否水没过挡板。

4. 注意事项

（1）开机前提前检查电器设备和机械设备，对一切安全防护装置如有拆除或损坏应及时修复后方可开机。如有维修人员维修机器时禁止开机，待维修完毕确认机器正常后方可开机。

（2）进布要平整，不能出现打折、跑边，缝头要平直整齐，不能弄错正反面。

（3）要经常检查直辊槽的浓度是否符合工艺要求，正常开机每 30min 测一次，换品种即时测定。

（4）水洗要干净，pH 值达到工艺要求，布面干燥均匀。

（5）在运行过程中不得随意爬上布铗，防止发生意外。

（6）处理故障时如接触碱液，应戴好防护用品，如橡胶手套、眼镜，防止灼伤皮肤和眼睛。

（7）运转时禁止用手接触转动部位及辊筒进口处。

（8）停机后检查机器的各部位是否完好，关闭水、电、汽，打开蒸汽疏水直通阀，水洗槽排水，轧辊及时卸压。

（9）保持地面清洁及设备的整洁，做好过滤设备的清洁工作。

（10）下班前做好周围卫生清洁工作，接班人未到来之前不得离岗。

（三）丝光机的安全操作规程

1. 开机前的检查

（1）检查各传动机构、传动部件是否正常，有无缺损，防护装置完好。

（2）检查轧辊是否已清洁，水槽及碱槽内是否有杂物，各阀门开关是否在适当的位置。

（3）检查布铗、探边是否正常，不缺件，布铗开合灵活，无卡阻，探边动作灵敏。

（4）检查操作板及各仪表是否正常，张力调节装置是否正常，气压调节在适当范围。

（5）检查各部位的润滑是否良好，各部位的密封装置严密无泄漏。

2. 运行中的注意事项

（1）开机前须先将引导布穿好，穿布时最少三个人相互配合，一人指挥，协调运作，抬起压辊的操作要精神专注，操作准确，人手穿布时其他人不得碰触操作开关，穿过布头确信人离开压辊后方可操作压辊开关放下压辊，以此类推，直到导布穿过所有压辊。水箱内穿布时须先检查蒸汽阀门是否关闭。导布穿好后，将导布与要加工的织物平缝，不得打结。

（2）配制好所需的碱液，戴好防护眼镜，穿好长袖衣服操作。

（3）在操作面板上选择好要启动的单元，按联络信号通知机上人员离开，确认后启动整机。及时查看各部位有无织物堆积，有无织物卷绕在辊子上的现象，检查各部位的张力是否均匀，有无越位现象，各循环泵、抽吸喷淋泵等是否运行正常，布铗及探边运行是否正常，发现异常，应及时停机处理。

（4）运行中若布铗有掉布现象时应停机处理，严禁不停机伸手拉布。

（5）运行中严禁在进布端将手靠近开幅辊去拉布，严禁在轧车的进布端伸手拉布、做记号和处理故障，严禁在烘筒的进布端伸手拉布。

（6）运行中禁止随便打开水洗箱的观察门，防止蒸汽喷出伤人。

（7）运行中，操作人员应注意力集中，行走操作中不得东张西望，要衣着整齐，衣袖扎紧，不得穿拖鞋，长发要挽好，戴好护发帽，谨慎操作。操作人员距运动体最小距离不得小于200mm。

（8）运行中开蒸汽加热时，应先缓慢开启阀门，并打开旁通阀，待管道内的冷凝水排完后，再开至所需的阀门开度，并关闭旁通阀。若管道阀门打开听到有水冲击声时，应及时关阀，打开旁通阀待水冲击声消失后，再缓慢开启蒸汽阀。

（9）运行中应不断地理顺织物，去除织物上的杂物，发现有打结或异常情况时，应立即停机处理，严禁织物上的铁丝等杂物带进丝光机。

3. 停机

（1）织物加工即将结束前，应将导布接在织物尾端，带进机器，以备下次开机时用。

（2）停机后应对整机进行清洁，清洁轧辊及烘筒表面时禁止用刀铲之类的硬物刮洗，也不可用粗砂布打磨。

（3）当需要打开水洗箱门时，需先检查有无高温危险，人站在观察门的侧后方开门，排完蒸汽并冷却后，方可进入检查。

（4）丝光机周围地面要经常清洗，防止碱溶液使地面光滑，滑倒操作人员。

（5）停机检查及清洁时，应关闭机台总开关，并在操作总开关处挂上"有人操作严禁合闸"之类的安全警示牌。

（6）清洁丝光机时禁止用水冲洗电动机及其他电气设施。

第六节 在前处理实际大生产中出现质量问题的原因分析及应对措施

一、烧毛对棉弹力布氨纶的损伤

（一）原因分析

（1）烧毛进布方式的影响。由于棉弹力布在织造过程中氨纶包在纬纱里，根据规格不同，上下交织或留在底面的氨纶，因进布方式的原因，容易出现氨纶被连烧两次的现象而造成失弹。因此，选择正面进布还是反面进布很有讲究。

（2）烧毛工艺的影响。根据织物的结构、布面情况，选择二正一反还是一正一反等，尽量减少火口烧到氨纶的次数，因为氨纶通过火口的次数越多，烧伤氨纶的概率越大。同时，火口的温度以及车速对烧毛时棉弹力布的氨纶影响至关重要，所以正常情况下，在烧毛前要试板，并且要洗纬向缩水率的板，烧前烧后都要洗，烧后的洗板纬向缩水率比烧前不能变化太大。试好板后才能进行大生产工艺。

（二）应对措施

如果是烧毛火口温度过高或车速过慢，烧伤了氨纶，原则上是很难修复的。实际大生产中，是通过在后整理中加重软，增加棉织物的回弹率，使手感弹力效果舒适来解决，但不可能增加它的纬向缩水率。

二、煮漂机产生皱条的原因分析及应对措施

（一）原因分析

（1）机台上的线头、浆料等杂质以及垃圾容易缠绕在导布辊上，由于煮漂机从头到尾的导布辊特别多，织物在运转过程中在通过被杂质缠绕的导布辊时就容易产生皱条。

（2）高支高密的棉布和弹力布见水就会收缩，产生皱条，特别是很多弹力布容易卷边，就更容易造成皱条。

（3）轧布左、中、右的压力不一致，也会产生皱条。

（二）应对措施

（1）要保持机台的清洁卫生，停机时要彻底地做卫生清洁工作，清洗掉所有导布辊、轧车、水箱、烘筒等转动部件上的线头、斑块，确保下次开机时，没有任何杂物或纱线缠绕导布辊。

（2）提前做高支高密和弹力布品种的收幅工艺，在煮漂时，如遇易卷边的布，要在进布时打好竹夹，防止卷着边进轧车。

（3）调整好轧车左、中、右的压力，使轧车在织物表面均匀受力。

三、氧化破洞产生的原因分析及应对措施

（一）原因分析

棉布在氧漂过程中容易产生破洞，主要是因为双氧水漂液分解产生大量 HO_2^-，但生成的 HO_2^- 是不稳定的，可按下式进行分解，生成氢氧根离子和初生态氧：

$$HO_2^- \longrightarrow OH^- + （O）$$

初生态氧（O）很容易与织物上或漂液中以及机台运行过程中残存的铁离子或铁锈（三氧化二铁）中的铁离子发生反应，在棉织物的表面形成氧化破洞。

（二）应对措施

（1）消除织物上铁锈或铁离子的存在。在实际生产中，煮漂前如果发现布面有铁锈斑或机台在生产过程中用的工业水中有锈水（主要是管道中残存的锈），用2~3g/L的草酸在室温条件下处理，残存在棉织物上的铁锈离子，即三氧化二铁会减少95%以上。

（2）在漂液中加络合剂或双氧水稳定剂。在漂液中加络合剂，主要是在实际大生产中去除残留在布面和机台漂液中的三氧化二铁，防止其与双氧水相遇后发生激烈反应产生氧化破洞。在漂液中加入双氧水稳定剂后，阻止双氧水分解产物的催化作用，使双氧水发生有效分解，生成对漂白有效的 HO_2^-。在漂液中加入一定量的稳定剂，使稳定和分解作用达到平衡，有利于漂白过程的顺利进行，同时避免双氧水快速分解与三氧化二铁在纤维上发生反应而产生氧化破洞。

四、影响丝光效果的原因及应对措施

（一）影响丝光效果的主要原因

1. 碱液浓度

碱液浓度是影响丝光效果的重要因素之一，只有碱液浓度达到某一临界值以后才能引起棉纤维剧烈的溶胀，在烧碱浓度270g/L以上，经向收缩率上升趋势减缓，并在烧碱浓度为300g/L左右时，基本上达到最大值。如果单从钡值来看，要达到规定指标150的处理效果，烧碱浓度在180g/L左右就已经足够了，但考虑到处理后织物的光泽要求，织物本身吸碱以及空气中酸性气体耗碱等因素，棉布丝光时烧碱的浓度一般控制在240~280g/L。

2. 碱液温度

烧碱与纤维素纤维之间的反应是放热反应，提高碱液温度会降低丝光效果。在烧碱浓度相同的条件下，温度升高，织物的经向收缩率和钡值下降。因此，要提高丝光效果就要降低碱液温度。

3. 张力

棉织物浓碱处理时，只有在施加张力情况下才能防止织物收缩而获得较好的光泽。棉织物丝光时增大张力能提高光泽和断裂强度，但断裂延伸度却随张力增大而降低。在经过无张力碱处理后，棉织物的断裂延伸度显著增加，弹性增大，但光泽变化较小。张力对织物经向和纬向缩水率影响也很大，纬向张力增加，可降低织物缩水率，提高织物的尺寸稳定性。

4. 时间

在丝光过程中，烧碱溶液充分、均匀地渗透进织物，碱液与纤维素大分子进行反应，都需要一定的时间。目前生产上丝光的浸碱时间为 $35\sim50s$，这个时间指的是从第一轧车浸碱开始到开始冲洗碱为止的时间。厚重棉织物丝光时浸碱时间要略长一些，可控制在 $50\sim60s$。

5. 去碱

去碱对丝光后织物的尺寸稳定性和后加工工序都有很大影响。在放松纬向张力后，如果织物上还含有过多的碱，织物就会收缩，导致织物的光泽、纬向缩水率和半制品幅宽都会发生变化。

（二）应对措施

1. 碱液浓度

在实际大生产中，可根据棉织物的品级、组织结构、半制品及成品的质量要求等来确定烧碱的实际使用浓度。如仅要求提高染色性能，可采用浓度为 $150\sim180g/L$ 的半丝光工艺。

2. 碱液温度

要使丝光作用保持在较低的碱液温度下进行，就需要大功率的冷却设备，由于温度过低，碱液黏度增大，使碱液难以渗透到织物内部，以致丝光不透，造成表面丝光。因此，实际生产中多采用室温或稍低于室温的温度进行丝光，夏天通常在轧碱槽夹层中通入冷水使碱液冷却。

3. 张力

丝光过程中的纬向张力主要依靠布铗链之间的距离来调节，施加纬向张力应注意伸幅速率，防止拉破布边或布面应力分布不均而造成丝光不匀。而织物的经向张力则由控制前后两轧槽间线速度大小来调节。由于各种不同规格的棉织物经向和纬向缩水率存在着较大差异，实际生产中要根据织物的情况采用不同的方法来调节织物的经、纬向张力。

4. 时间

在实际大生产中，碱液渗透过程所需的时间与碱液浓度、温度、织物的结构与润湿性能等因素密切相关，其中以碱液温度和织物的润湿性能影响尤为突出。适当提高碱液温度、加入润湿剂，反复浸轧碱液都是加速碱液渗透的有效措施。

5. 去碱

在实际丝光大生产中的去碱分两步进行，第一步是在织物的扩幅情况下，用冲吸装置去碱，使布面含碱在5%以下；第二步是纬向张力松弛后，利用去碱蒸箱和平洗装置，把织物上的余碱洗净，必要时可用酸中和，使落布 pH 值为 7~8。采用提高洗碱温度和逆流方式流动等措施可以提高去碱效果。

第三章
棉机织物的染色

第一节 染料概述

天然存在的色素中，经过简单加工变成可以使用的染料就是天然染料。我国使用染料较早。早在夏商时代就已出现了天然染料，到春秋时达到鼎盛时期。《左传》载：鲁哀公十年（公元前 481 年）始用青黄二色。早在周代，就有了王室的染色专职——"染人"从事染色工作。最早使用的染料是从植物、矿物中提取的，如由靛叶中提取的靛蓝，由茜草中提取的茜素，又如泥土染色等。19 世纪中叶以后，合成染料出现，人们也开始利用天然染料进行一些特殊用途的工艺染色。

1856 年，英国的化学家帕金（W. H. Perkin）在对疟疾特效药奎宁（Quinine，俗称金鸡纳霜）的实验中，偶然发现一种紫色盐基性染料——苯胺紫（Mauveine），开创了合成染料研制之路。偶氮染料于 1862 年被合成，目前已是合成染料之首，大约占合成染料总量的一半以上。第一个棉用直接染料刚果红于 1884 年被合成，蓝染料 1879 年问世。目前全世界每年生产的合成染料总量已超过 200 万吨。合成染料是纺织工业必不可少的原料之一。随着有机工业的发展，特别是煤焦油工业和合成染料工业的迅速崛起，合成染料在色谱、牢度及染色工艺等方面超过了天然染料。目前合成染料种类有上万种，广泛使用的染料有上千种之多，可用来对多种纤维进行染色和印花等。随着合成纤维产量的不断增加，合成染料的污染也日益严重。

随着合成染料的大量使用，人们对合成染料带来的环保问题日益关注。1989 年初，奥地利纺织研究院制定了新的饮用水标准、污水排放标准以及工作场所中有害物质的最大浓度限制规定，这是世界上第一部专门纺织品生态标准——奥地利纺织标准OTN100，也是该法规首次在纺织品中引入有害物质的极限值。1991年，奥地利纺织品研究所与德国海恩斯坦研究所共同把奥地利纺织品标准"OTN100"改为"Oeko-Tex Standard 100"（生态纺织品标准100）。1993年，奥地利纺织品研究所、德国海恩斯坦研究所与苏黎世纺织品试验研究院共同签订协议，并建立了国际纺织品生态研究与试验协会。该协会由各国专家组成，旨在通过制定一系列国际标准来保护消费者的健康安全，促进可持续发展。目前该协会已成为世界上第一个以保护环境为宗旨的国际性组织。自1994年以来，已有比利时、丹麦、瑞典、挪威、葡萄牙、西班牙、英国等国加入该协会，并建立检测实验室。国际纺织品生态学研究与检测协会于1997年和1999分别对Oeko-Tex Standard 100进行修订。该标准对纺织品上各种有害物质的含量做了明确规定，特别是对与人体接触会引起癌变的致癌染料，这类染料会分解出被公认为具有强致癌性的芳香胺染料，会引起人体的皮肤、黏膜或呼吸道过敏的致敏染料，规定在四大类纺织品（婴幼儿用纺织品、直接与皮肤接触的纺织品、不直接与皮肤接触的纺织品和装饰用纺织品）上禁止使用。

染色时色料是必不可少的环节，染料和颜料统称色料，这两种色料因溶解性和对纤维亲和力不同而有所区别。通常染料系指能溶解于水或高度分散于水中，与纤维有亲和力而使纤维均匀上色染着的有色物质。染料用于染色必须具有相当的化学及物理方面的坚牢度，如耐水洗、日晒、酸、碱、升华、摩擦、汗、氯漂等。颜料与染料不同，属于一类不易溶于水、与纤维无亲和力、需要其他药剂辅助的有色物，所以印染加工时，一般靠黏合剂的黏着力来使颜料附着于织物表面而产生颜色或花纹。颜料还广泛应用于油漆、油墨和橡胶工业。按染料来源划分，可以分为天然染料和合成染料两大类，天然染料包括动物染料、植物染料和矿物染料。

一、染料应具备的基本条件

（1）染料通常要求在水中溶解。首先，因为染色通常是在染料的水溶液（简称染液）中进行的，只有染料溶于水才能配制成水溶液。其次，染料是以单分子态进行上染的，只有溶解才能使染料由晶体转变成单分子态。值得指出的是，有些染料能直接溶于水，如直接染料、活性染料、阳离子染料等，有些染料不能直接溶于水，如还原染料、硫化染料等，但通过适当的简单化学处理后，可以使它们溶于水。最后，有些染料在水中的溶解度较大，如活性染料、阳离子染料等一些离子型染料，有些染料在水中的溶解度较小，如分散染料等一些分子型染料，此时染料的水溶液，其主体是染料的分散液，即染料的悬浮液。

（2）必须对纤维有亲和力。亲和力是指染料上染纤维的趋势。亲和力在染色过程中起着重要作用。亲和力越大，染料上染纤维的趋势越大，染料的利用率越高。值得注意的是，不同类型的染料对不同种类的纤维有不同的亲和力，某类染料对某一种或几种纤维有较大的亲和力，而对其他种类的纤维只有较小或无亲和力，因此应用染料时，要针对具体的纤维进行染料类别的选择。

（3）必须具有颜色。不同种类的染料在同一个物体上呈现出来的色彩会有很大差异，所以对纺织品进行染色或印花时，要根据实际情况选择合适的染料来印制。染料和织物的关系十分密切。染料可以改变织物的颜色，同样织物也可影响染料的色泽。

二、合成染料分类

1. 直接染料

该类染料从化学结构上看其特点是偶氮基为主的直线状结构，另含磺酸根等亲水基团，因此它溶于水时具有阴离子性，食盐在染纤维素纤维时具有促染作用（即提高染色速率），这是由于中性盐降低染料溶解度、提高纤维凝集度所致，如加入碱性碳酸钠则有利于染料溶解获得缓染效果。

直接染料是由具有直线形且带有共轭双键和平面构造的分子通过氢键结合而成，因此对纤维素纤维有很强的直接性。这类染料能溶于水，不需要媒染剂帮助，可以直接染棉、麻、黏胶纤维等。但染色坚牢度普遍不佳，需加入少量的固色剂才能达到要求。甲醛处理后因亚甲基—CH_2—与染料结合增加分子量可增进耐水洗色牢度，但会因生成二苯甲烷而使耐光色牢度降低。此外，直接染料对亲水性的动物纤维羊毛、蚕丝及尼龙也有较高的色牢度直接染料的特点是色谱齐全、价廉，染色方法简便，但耐日晒色牢度和耐洗色牢度差。

2. 酸性染料

酸性染料由于其自身是磺酸或羧酸钠盐而易溶于水，形成胶体时具有和直接染料相同的阴离子性。若使染液呈酸性状态，会降低染料的溶解度，同时因酸性存在，羊毛、尼龙等纤维的—NH_2易形成—NH_3^+，易于产生离子键结合，故 pH 值降低，会增进酸性染料的上染速率。酸性染料可分为四类：均染型染料、中间型染料、坚牢型染料、特优型染料。染色一定要在酸性或者中性染浴条件下进行，以蛋白质纤维、聚酰胺纤维染色为主。

3. 盐基型染料

盐基型染料作为一种阳离子型染料存在于色素基卤化物中，它具有阳离子性水溶性状态。在我国，早在 20 世纪 60 年代就有了该类染料的生产。但因原料紧缺，价格昂贵，一直未能推广使用。直到 70 年代后期，才开始研制和开发这类产品。这类染料是由丙烯腈合成树脂制成，结构简单、价格低廉、性能优异、应用广泛、用途广、产量大。最初合成这种染料的目的是应用于羊毛、蚕丝和棉等的染色，但由于采用了传统的单宁酸媒染法而不能适应长期暴露在强烈的阳光下，因此只能用于对温度要求较高的场合，由于它的坚牢度不够，且容易与其他染料发生反应，因而限制了它的应用范围。1955 年以后，人们开始研究以丙烯腈纤维为原料的盐基型染料和以聚丙烯腈纤维为主要原料的阳离子型染料；染料分子中含有氨基或取代氨基等碱性基团，这些基团既可以和蛋白质纤维表面羧基形成盐直接上染，又可用于腈纶或者阳离子可染涤纶的染色。

4. 酸性媒染染料

纤维和染料之间没有直接的亲和性，要使二者连接在一起并能上染，首先要对纤维进行加工，这种加工方式叫媒染。媒染染料是指纤维经金属盐处理才能够染着的染料，大部分天然染料均属此种，若同时具有酸性染料及媒染料的性质，称为酸性媒染染料。此种染料染后的耐水洗及耐日光坚牢度均佳，但色光较暗，浓色耐摩擦坚牢度较差，主要用于羊毛染色，先以酸性染料染色，再以重铬酸钾使之发色。染色后形成铬的配位键及离子键结合，坚牢度良好，但调色较困难，再现性欠佳。受金属离子的影响，如水中的 Ca^{2+}、Al^{3+}、Fe^{2+}，同样可以作媒染剂，只是色相和铬离子有较大差异，因此应尽量避免使用含金属离子的水进行染色。

5. 还原染料

还原染料也称士林染料。它是将某些染料与亚硫酸氢盐在一定条件下反应而使其呈不同的溶解性状态，然后再溶解于水中从而进入纤维中，经过滤后，用还原液显色，从而达到染色目的。天然靛蓝即为还原染料中具有代表性的染料，1887 年 Bayer 公司以化学方法合成。

此类染料本身不溶解于水，需在碱性溶液中还原成无色的隐色体，被纤维吸收后，再经氧化后发色，具有耐日光和水洗坚牢度高、耐氯漂性好等特点。它主要用于纤维素纤维的染色。还原染料按化学结构不同可分为靛蓝系、蒽醌衍生物及其他。共同特点是结构上有两个或两个以上 C＝O 基团。为了实现还原染色法和印染使用中易快速还原、增强渗透性和染色性的目标，对染料进行微粒子化处理，而微粒子化往往采用化学方法和机械法同时进行。

6. 硫化染料

硫化染料从字面上看，分子结构中含硫，其化学结构可以用 R–S–S–R'来表示。它自身难溶于水，需要借用硫化钠做还原浴来染色纤维素纤维。此类染料染色后耐水洗及日晒色牢度良好，但色调较暗，颜色多为黑、蓝，且在空气中易被氧化而使纤维素纤维产生脆化。硫化染料至 20 世纪初才逐渐实用化及工业化。

7. 偶氮染料

偶氮染料是指偶合成分的底剂，一般常用的 Naphthol AS 重氮化成分显色剂（显色基或显色盐）在纤维上产生不溶性的偶氮色素，因利用 Naphthol AS 染色，使用时纤维先以 Naphthol AS 打底烘干，再与已偶氮化的显色剂偶合。

染料和底剂对纤维素、蚕丝及羊毛等有较强的亲和力，但对其他纤维如合成纤维则无亲和力。例如，聚酯纤维，需先吸收显色剂，然后再进行偶氮化。偶氮染料主要用于棉纤维染色，染色时需要用冰在冷却条件下进行。

8. 氧化染料

其为含芳族胺有机化合物，被纤维吸附后在氧化作用下生成长链有色物质（如苯胺盐酸盐等）。经氧化而变黑的氧化染料，称为苯胺黑。氧化剂有氯酸盐、重铬酸钾和过氧化物等。因条件不可控和对机械的腐蚀等原因，至今已极少应用。

9. 分散性染料

分散性染料由于分子自身不溶于水，借由分散剂以分散状态存在，在水中散布，从而对聚酯和醋酸纤维这类疏水性纤维进行上染，市售分散染料色素成分为 20%~40%。分散性染料的特点如下：

①在水中不溶，呈分散状态。

②色相鲜明，匀染性佳，遮盖性佳。

③耐湿摩擦色牢度较差。

④高热处理会有升华现象。

⑤有气体变、褪色倾向，尤其大气中的氧化氮气体及臭氧等。

⑥光学条件下变、褪色。

分散染料主要用于涤纶和锦纶染色，在工业上应用广泛。

10. 活性染料

染色过程中活性染料分子和纤维分子表面羟基或者氨基化学键结合实现染色，坚牢度较好。目前活性染料多应用于棉、麻、黏胶纤维、蚕丝等染色，还可应用于羊毛、合成纤维等。由于活性染料具有优良的耐碱性能，对纤维素纤维及蛋白质纤维都有较好的上染率，所以应用广泛。但其存在着固色量低、易产生沾色等缺点。因此，需要进行改性处理以提高其染色性能、扩大应用领域、增加品种、降低成本、提高效益。

（1）化学结构。活性染料可用通式表示：D-T-X。式中，D 为染料母体，T 为架桥基，X 为反应基。

（2）溶解性。活性染料与一般直接染料、酸性染料等一样具有高的溶解性，也有部分呈分散状态。

（3）稳定性。活性染料储存过久会降低反应性，水溶液状态下会发生水解。温度及 pH 值越高越不稳定，在碱性条件下发生如下反应：

$$D-T-X+OH^- \longrightarrow D-T-OH+X^-$$

（4）染色性。应用于纤维素纤维时，主要与–OH 反应；应用于羊毛与尼龙时则与—NH$_2$ 反应，其反应式为：

$$D-T-X+HO-cell \longrightarrow D-T-O-cell+HX$$

染料染色后色彩艳丽，坚牢度良好，但对金属离子较为敏感，需注意水质或添加金属离子封锁剂。

11. 荧光增白染料

荧光增白染料可视为一种无色染料。由于织物经过漂白以后，吸收部分自然光的短波长部分的能量，以致其反射光中的紫色至蓝色光线稍显不足而略带黄色的感觉。

漂白织物可能会产生白度不足的现象，荧光增白染料将紫外线部分转变为可见荧光，除可补足蓝色光的不足之外，还增加了全反射光的视感光量，增加了白的感觉。也就是说，荧光染料是借光学的作用增加了白度，而并非像漂白剂那样是破坏色素而达到增白作用的。

在未使用荧光增白染料之前，人们使用少许蓝色或紫色的染料，使漂白织物增加白度，此种方法称吊蓝。此法可使织物反射光量减少，部分被蓝色染料吸收，在光量充足之处虽可增加白色感觉，但在光量不足之处反而会有灰暗的感觉。

荧光增白染料依其溶解性可分为不溶性及水溶性两类。不溶性的为非离子型，较适用于合成纤维；水溶性的主要为阴离子型，少量为阳离子型，阴离子型适用于棉及羊毛，阳离子型适用于聚丙烯腈纤维。一般而言，荧光增白染料的耐日晒色牢度较差，耐水洗色牢度也不理想。

12. 颜料

颜料为不溶解于水、油或其他溶剂的白色或有色粉末，可用于油墨、涂料及纤维。一般纤维用途，需借树脂作架桥固着在纤维上，以印染方式使用居多。其缺点是手感较粗硬，耐摩擦色牢度较差。颜料可分有机及无机两大类。有机颜料有苯二甲蓝系、还原染料系及其多环系、高级偶氮系等。无机颜料有钛白、炭黑、金粉、银粉、红色氧化铁等。

第二节 染色的基本原理

所谓染色，就是使染料（或颜料）与纺织材料之间进行物理、化学或物理化学的结合，从而使纺织材料得到鲜艳、均匀、坚牢颜色的一种加工方法。根据染色加工对象不同，可分为成衣染色、织物染色（主要分为机织物染色、针织物染色与非织造材料染色）、纱线染色（可分为绞纱染色、筒子纱染色、经轴纱染色和连续经纱染色）和散纤维染色四大类。其中织物染色的应用最广，成衣染色指纺织材料加工成服装后再进行染色的方法，纱线染色则多用于色织机织物和针织物，散纤维染色主要用于色纱纺织材料。把纺织材料浸在某一温度的染料水溶液里，染料会由水相转移到纤维里，这时染料在水中浓度会逐渐下降，但染料在纺织材料表面的含量会逐渐上升，在一定时间后，染料在水与纺织材料表面含量不再改变，染料总量不会改变，即染色达到平衡。

一、染色基本过程

现代染色理论认为染料（或颜料）能上染纤维和对纺织材料有一定的固着牢度是由于染料分子对纤维分子有多种引力作用。染料（或颜料）的染色原理和染色工艺是多种多样的，不同种类的染料、不同性质的颜料对纤维的作用也不尽相同。但是从它的染色过程来看，可基本划分为三个阶段。

1. 染料在纤维上的吸附

纺织材料进入染浴后，染料和纤维因具有一定结合力逐渐脱离染液向纤维表面迁移，这一过程叫作吸附。同时，吸附到纤维上的染料也会转移到染液中，这个过程叫解吸。随着时间的推移，纤维上的染料在染液中不断地进行吸附和解吸。当纤维上的染料浓度达到一定值时，溶液中的染料浓度就达到了平衡，这时的吸附速率和解吸速率相等，处于一种平衡状态。该工艺耗时少，且与染料在纤维上亲和力、染液浓度和电解质等助剂种类及用量相关。

2. 染料向纤维内部扩散

染料由纤维表面传递，并渗入纤维内部，即染料的扩散过程。当纤维表面上的染料浓度大于纤维内部的染料浓度时，染料就会从纤维表面迁移到纤维内部，纤维表面上的染料逐渐减少，从而打破了吸附平衡状态，染料继续被吸附到纤维表面。染色进行到一定时间后，吸附和扩散都会达到平衡，此时染色达到平衡，因此吸附与扩散这两个阶段是密不可分的。扩散需时较长，其扩散速率与染料在纤维上亲和力、半制品渗透效果、染色温度和助剂作用密不可分。

3. 染料在纤维上的固着

经扩散均匀地分布于纤维内部的染料，利用染料对纤维的作用力将其固着于纤维。它是纺织品染整加工中一个重要的染色阶段，同时又是最容易出现疵点、影响产品外观质量及服用性能的工序之一。染料和纤维的种类和结构不同，其结合方式也各不相同。

上述三个阶段在染色过程中往往是同时存在的，不能截然分开。只是在染色的某一段时间，某个过程的优势不同而已。

二、染料在纤维内的固着方式

纤维中染料的固着，可以看作是染料对纤维的一种固着。染料与纤维间的作用方式不同，以及染色后不同时间和温度下固着率不同。因此，要获得优良的染色效果，必须了解纤维内部各部分对染料固着的影响及其规律，这是一个十分重要的课题。一般来说，染料在纤维上的固着存在两种类型。

1. 纯粹化学性固着

指染料与纤维发生化学反应（主要是通过共价键和离子键结合），而使染料固着在纤维上。例如，活性染料染纤维素纤维，染料与纤维之间形成醚键或酯键而结合。通式如下：

$$S-D-B-R-X+Cell-OH \longrightarrow S-D-B-R-O-Cell+HX$$

其中：S-D-B-R-X 是活性染料分子；S 为水溶性基团；D 为染料发色体或母体染料；B 为连接基；R 为反应性基团；X 为活性基上所带的离去基；Cell-OH 为纤维素大分子。

2. 物理化学性固着

主要是指通过染料与纤维之间的范德瓦耳斯力、氢键和聚集性方式进行结合，而使染料固着在纤维上。许多染纤维素纤维的染料，如直接染料、硫化染料、还原染料等都是借助这种引力而固着在纤维上的。

许多染料的染色，两种固着方式同时存在，只是在染色过程中某种固着方式的优势不同而已。如弱酸性染料染锦纶，既有离子键的结合，又有范德瓦耳斯力和氢键的结合。

三、染色牢度

染色牢度是指染色产品在使用过程中或染色以后的加工过程中，在各种外界因素影响下，保持原来颜色状态的能力（即不易褪色、不易变色的能力）。染色牢度是衡量染色产品质量（特别是生态纺织材料进行安全性能检验）的重要指标之一。染色牢度的种类很多，随染色产品的用途和后续加工工艺而定，主要有耐日晒色牢度、耐气候色牢度、耐洗色牢度、耐汗渍色牢度、耐摩擦色牢度、耐刷洗色牢度、耐升华色牢度、耐熨烫色牢度、耐漂洗色牢度、耐酸色牢度、耐碱色牢度等。此外，根据产品的特殊用途，还有耐海水色牢度、耐烟熏色牢度等。

染色牢度在很大程度上取决于染料的化学结构、染料在纤维上的物理状态、分散程度、染料与纤维的结合情况、染色方法和工艺条件等。为了对印染产品进行质量检验，国内外有关机构参照纺织材料的使用情况，制定了一套染色牢度的测试方法和标准（如我国国家标准和行业标准，以及 ISO、ASTM、AATCC、BSDIN、NF、JISKSIWTO、BISFA 和 EDANA 等国际上十几个标准化组织发布的有关纺织服装色牢度的标准）。下面对最常用的染色牢度进行简单介绍。

1. 耐日晒色牢度

染色织物的日晒褪色是因为在日光（主要是其中的紫外线）作用下，染料吸收光能后其分子处于激化态而变得极其活泼，容易发生某些化学反应，使染料的发色基团发生变化而褪色，导致染色织物经日晒后产生较明显的褪色现象。

耐日晒色牢度随染色浓度而变化。对同一种染料来说，染色浓度低的比浓度高的耐日晒色牢度要差。同一染料在不同纤维上的耐日晒色牢度也有较大差异，耐日晒色牢度还与染料在纤维上的聚集状态、染色工艺等因素有关。

耐日晒色牢度分为五级 9 档，其中，一级最差，五级最好。

2. 耐皂洗色牢度

耐皂洗色牢度是指染色织物在规定条件下于皂液中洗涤后褪色的程度，包括原样褪色及白布沾色两项。原样褪色指印染织物皂洗前后的褪色情况。白布沾色是将白布与已染织物缝合在一起，经皂洗后，从已染织物褪下的染料而使白布沾色的情况。

耐皂洗色牢度与染料的化学结构和染料与纤维的结合状态有关。除此之外，耐皂洗色牢度还与染料浓度、染色工艺、皂洗条件和是否固色处理等有关。

耐皂洗色牢度分为五级九档，其中一级最差，五级最好。

3. 耐摩擦色牢度

染色织物的耐摩擦色牢度分为耐干摩擦色牢度及耐湿摩擦色牢度两种。前者是用干的白布摩擦织物，根据白布的沾色情况进行评级；后者用含水 100%±5% 的白布摩擦染色织物，根据白布的沾色情况进行评级。湿摩擦是由外力摩擦和水的作用共同产生的，耐湿摩擦色牢度一般低于耐干摩擦色牢度。

织物的耐摩擦色牢度主要取决于印染产品上浮色的多少、染料与纤维的结合情况、染料在织物上的分布状况和染料渗透的均匀度。如果染料与纤维发生共价键结合，耐摩擦色牢度就较高。一般来说，染色浓度高，容易造成浮色，则耐摩擦色牢度低。

耐摩擦色牢度由沾色灰色样卡依五级九档制进行评级，一级最差，五级最好。

四、光、色、拼色和计算机配色

任何物体都具有一定的颜色，颜色是人的一种感觉，是由光所引起的。当一定量的两束有色光相加，若形成白光，则称这两种光互为补色关系，这两种光的颜色互为补色。颜色可分为彩色和非彩色两类。黑、白、灰都是非彩色，红、橙、黄、绿、蓝、紫等为彩色。颜色有三种基本属性：色相、明度和彩度。色相又称色调，表示颜色的种类，如红色、黄色等。明度表示物体表面的明亮程度。彩度又称纯度或饱和度，表示色彩本身的强弱或色彩的纯度。

在印染加工中，为了获得一定的色调，常需用两种或两种以上的染料进行拼染，通常称为拼色或配色。一般来说，除白色外，其他颜色都可由黄、品红、青三种颜色拼混而成。印染厂拼色用的三原色叫红、黄、蓝，因此最纯粹的红、黄、蓝三色称为三原色或叫基本色，因为它们是无法用其他颜色拼成的色泽。用不同的原色相拼合，可得橙、绿、紫三色，称为二次色。用不同的二次色拼合，或以一种原色加黑色或灰色拼合，则所得的颜色称为三次色。一般拼色的染料只数越多，所染得的颜色越萎暗。

纺织材料染色需依赖配色这一环节把染料的品种、数量与产品的色泽联系起来，这项工作长期以来均由专门的配色人员来完成。这种传统的配色方法，不仅工作量大，而且费时费料。随着全球经济一体化、色彩通信（颜色沟通）的兴起，以及印染产品"多品种、短周期、快交货"的市场需求和色度学、测色仪以及计算机技术的发展，开发出了计算机测色配色仪，实现了计算机测色、计算机配色。它具有速度快、效率高、试染次数少、提供处方多、客户颜色认定快（可省去邮寄色样的时间）、经济效率高等优点，但染化料及纺织材料的质量必须相对稳定，染色工艺必须具有良好的重现性，作为体现色泽要求的标样不宜太小或者太薄等。

印染生产中要想配色达到高质、高速、有效、精确和经济的目的，拼色应把握以下几个原则：

（1）用于拼色的染料，其特性最好是一致或接近，其中染色各工艺条件、上染速率、亲和力、匀染性和染色牢度都应尽量基本相同。否则因为工艺条件的微小变化，在染色时很容易产生色差、色花、色牢度差异等疵病，降低染色的一次成功率。拼色要根据不同品种及织物种类选用相应颜色的染料，这样才能取得良好的效果。因此，在拼色时最好采用染料厂推荐的红、黄、蓝三原色（包括浅色三原色、中色三原色、深色三原色以及特殊要求的三原色）。

（2）拼色染料的只数不宜过多，一般最多不超过三只，以便于控制和调整色光。这是因为染料厂提供的染料并非纯度都很高。只数太多，它们的色光会相互影响，色泽鲜艳度降低。

（3）拼色时要掌握好余色原理。余色是指这两种色彩具有互相削减的性质。比如带有黄光的红，如果黄光过重，可利用黄的余色即蓝色来消除黄光。在染色中利用余色原理可减少染料用量、节约成本、缩短生产周期，同时也能使织物获得良好的外观效果。但应注意，利用余色原理调节色光只能起到微调的作用，否则会降低色泽的鲜艳度和染色深度。

（4）要掌握好就近微调的原则。例如，拼紫色时，使用纯度比较高的红色、蓝色，虽然有可能得到需要的色彩，但是由于工艺条件改变不大，很容易导致色光偏红色或者蓝色。此外，由于紫色与蓝色之间存在着不同程度的光谱重叠，在某些情况下也会使色彩产生一定的偏差。因此，为了得到理想的配色效果，必须设法消除这些因素对色调的影响。如将紫色染料与蓝色染料按一定比例混合后再进行拼合，则可使色光由偏红光变为偏蓝光，从而达到拼色目的。

第三节 染料的选择

各纤维结构不一，染色性能各异，应选择相应染料及染色工艺。一种纤维往往可用几类不同的染料染色，如纤维素纤维可用直接染料、活性染料、还原染料、可溶性还原染料、硫化染料、硫化还原染料、不溶性偶氮染料等进行染色；蛋白质纤维和锦纶可用活性染料、酸性染料、媒染染料等进行染色。一种染料除了主要用于一类纤维的染色外，有时也可用于其他纤维的染色，如直接染料除可用于棉纤维的染色外也可用于蚕丝的染色，分散染料除用于涤纶的染色外，也可用于锦纶、氨纶的染色。在此基础上，还需结合纺织材料使用情况、染料和助剂成本、染色牢度需求、染料拼色需求以及染色设备对染料进行筛选。

1. 根据印染纺织材料的环保性能选择染料

1992 年，德国海恩斯坦研究所与维也纳奥地利纺织研究所共同制定了生态纺织品标准 Oeko-Tex Standard 100。该标准对纺织品中有害物质的种类、含量及安全性进行了严格规定。目前，Oeko-Tex Standard 100 成为应用最普遍的纺织品生态标志之一。

根据生态纺织品标准要求选择染料印染行业发展的重点。环保染料除应具有必需的染色性能及使用过程中的适用性、应用性能、色牢度性能等，还要符合环保质量要求。

环保型染料应包括以下十个方面的内容：

①不含德国政府和欧共体及 Oeko-Tex Standard 100 明文规定的在特定条件下会裂解并释放出 22 种致癌芳香胺的偶氮染料，无论这些致癌芳香胺游离于染料中或由染料裂解所产生。

②不是过敏性染料。

③不是致癌性染料。

④不是急性毒性染料。

⑤可萃取重金属的含量在限制值以下。

⑥不含环境激素。

⑦不含会产生环境污染的化学物质。

⑧不含变异性化合物和持久性有机污染物。

⑨甲醛含量在规定的限值以下。

⑩不含被限制农药的品种且总量在规定的限值以下。

2. 根据纤维性质选择染料

各类纤维因其自身结构、染色性能等方面存在差异，在染色过程中需要科学、合理地选择与其相适合的染料。例如，纤维素纤维染色时，由于它的大分子结构上含有许多亲水性的羟基，易吸湿膨化，能与染料的反应性基团发生化学反应，故一般可选择直接、还原、硫化、活性等染料染色；涤纶的结构紧密，疏水性强，高温下不耐碱，一般情况下不宜选用以上染料，而应选择与之相应的分子结构简单、分子量小、难溶于水的分散染料进行染色。

3. 根据印染纺织材料的用途选择染料

因被染物使用目的不一样，所以对染色成品要求不一样。例如，用作窗帘的布是不常洗的，但要经常受日光照射，因此染色时应选择耐晒牢度较高的染料。作为内衣和夏天穿的纺织面料，特别是浅色织物的染色，由于要经常水洗、日晒，所以应选择耐洗、耐晒、耐汗渍牢度较高的染料。

4. 根据染料成本、货源选用染料

选用染料时既要考虑色光及牢度，还要考虑染料及配套助剂成本、货源等因素，尤其对深浓色织物，更应以提高上染率为主，兼顾染料成本。

5. 根据拼色用染料的性能选择染料

在进行拼色前，首先要对所需的染料进行测试，以确定所用染料是否合适；当染料需拼色时则要注意其组成、溶解度、色牢度和上染率。染料的种类不同，其染色性能也不相同，但影响染色的主要因素是温度和溶解度，前者决定着上染速率，后者决定着染色效果。

6. 根据染色设备选择染料

因染色设备各异，染料要求各异，染色方法差异很大。如果用于浸染，应选用直接性较高的染料；用于轧染，则应选择直接性较低的染料，否则就会产生前深后浅、色泽不匀等不符合要求的产品。

7. 根据印染的后续加工方式选择染料

印染后处理方法对染色产品性能有较大影响，例如，对色织机织物来说，如果后整理需要丝光处理，则纱线不能用不耐碱的活性染料染色，最好用还原染料染色，否则色织物经浓碱处理后，很容易在丝光过程中发生染料的水解，出现褪色、变色等现象。

第四节 常用染色方法和染色设备

一、常用染色方法

按染料对被染纺织材料的施染方式以及染料在纤维上的固着方式，染色方法可以分为浸染（也称竭染）与轧染，如细分也可分为浸染、卷染、轧染与轧卷四种。浸染是将纺织材料浸入含有染料的染液中进行处理的染色方法。把纺织材料放入染液中，通过轧辊对纺织材料进行挤压，使染液从纺织材料表面流到组织孔隙中去，从而达到对纺织材料上色目的的工艺过程，其实质是利用染液与纺织材料之间的相互作用来实现对纺织材料的染色。

浸染设备简单且配套设备少，操作容易，适用范围广，特别适用于散纤维、毛球毛条、纱线、针织物、丝织物、丝绒织物、毛织物、稀薄织物、弹力织物、网状织物等不能经受较大张力或轧压的纺织材料染色。但由于浸染是间歇式生产，浴比相对较大，染料的利用率较低，能耗高，水的利用率较低，劳动强度较大，生产效率较低，一般适用于小批量、多品种的加工。

轧染属于连续式加工方式，劳动强度较小，生产效率较高，染料的利用率较高，单位产品能耗低，水的利用率较高，特别适用于批量较大、工艺稳定的机织物染色。但轧染设备相对复杂且配套设备多，设备投资高，占地面积大。

二、常用染色设备

染色设备的种类很多，按照设备运转的性质可分为间歇式染色机和连续式染色机；按照染色方法可分为浸染机、卷染机、轧染机和轧卷机；按被染物的形态可分为散纤维染色机、纱线染色机、织物染色机和成衣染色机；按织物在染色时的状态可分为平幅染色机和绳状染色机；按染色时的工艺条件可分为常温常压染色机、高温高压染色机等。

纱线染色机根据加工产品的不同又分为绞纱染色机、筒子纱染色机、经轴染色机和连续染纱机；织物染色机又可分为针织物用的绳状染色机、常温溢流染色机、高温染色机等绳状设备和平幅染色机。此三种绳状设备也适用于稀薄、疏松及弹性好的机织物染色。另外，适用于机织物的平幅染色机有连续轧染机、卷染机、轧卷染色机和星形架染色机等。

织物浸染按染色时被染物与染液的相互运动关系分为：织物运转而染液不动（如绳状染色机等）、织物不动而染液循环（如经轴染色机）、织物被染液带动或两者共同运动（如溢流染色机、喷射染色机、溢喷染色机）。

染色加工从小批量、多品种加工提升为实现及时化生产和一次准确化生产，生产过程按规定的工艺变量（如温度、湿度、速度、张力、浓度、液位、色泽、时间、克重、幅宽、导布、含氧量、pH 值、预缩率及化学药剂的施加量等）要求"上真工艺",确保染色产品质量的稳定性、再现性,达到节能、降耗、低成本、安全、可靠、少污染的清洁生产,以提高印染企业的综合技术实力和市场竞争能力。"工欲善其事,必先利其器",在染整生产中要提高质量、开发新产品、增加产量、降低成本,首先要有先进的工艺技术,而先进的工艺技术必须有先进的染整机械设备才能得以实施,因此染色设备是否先进、完善,是染整工业能否向前发展的重要因素之一。现将织物染色的主要设备简介如下。

1. 连续轧染机

连续轧染机适用于大规模、连续化、工艺稳定的染色加工,是棉、化纤及其混纺织物最主要的染色设备。根据所使用的染料不同,连续轧染机的类型也不同,例如,有还原染料悬浮体轧染机、纳夫妥染料打底和显色机、硫化染料轧染机、热熔染色机等。尽管类型不同,但它们的组成大致可分为染色轧车、烘燥机、蒸箱和水洗机等几部分。

(1)浸轧装置(轧车)。浸轧装置是织物浸轧染料的主要装置,主要由轧辊、轧槽及加压装置组成。轧辊有软硬之分,硬轧辊一般用不锈钢制成,软轧辊用橡胶制成。轧辊加压方式有杠杆加压、油压和气动加压。轧辊有两辊、三辊之分。根据轧辊的排列方式有立式和卧式之分。浸轧方式有一浸一轧、二浸二轧或多浸二轧等,视织物品种和染料种类而定。

(2)烘干装置。包括红外线(预烘)、热风和烘筒烘燥三种形式。前二者为无接触式烘干,织物所受张力较小;后者为接触式烘干,织物所受张力较大。

①红外线烘燥。利用红外线辐射穿透织物内部,使水分蒸发,受热均匀,不易产生染料的泳移,烘燥效率高,设备占地面积小。

②热风烘燥。利用热空气对流传热的方式烘干织物。被加热的空气由喷口喷向织物使织物上的水分蒸发并逸散到空气中。这种烘燥机的烘燥过程比较缓和,烘后织物手感柔软、表面无极光,但烘燥效率低,占地面积大。

③烘筒烘燥。利用热传导方式加热织物。织物通过用蒸汽加热的金属圆筒表面而被烘干。因采用直接接触的方式进行加热,故烘燥效率高。但织物承受的张力大,易造成染料泳移,织物易产生烫光印(极光)。

在实际生产中,为了提高生产效率、保证染色质量,往往是几种方式相互结合使用。

（3）蒸箱。有的染料浸轧染液后要进行汽蒸，使织物在不同的温湿度条件下完成染料和助剂的充分还原、溶解、向纤维内部的扩散、发生化学反应、显色等。有的蒸箱为了防止空气进入，在蒸箱的进出口设置水封口或汽封口，这种蒸箱称为还原蒸箱，主要用于还原染料染色后的汽蒸。

（4）平洗装置。主要用于去除残留在织物上的染料浮色、酸碱及其他助剂、分解产物及污物等。它包括多格平洗槽，可用于冷水、常温水、皂煮以及根据不同染料进行的其他后处理（如还原染料隐色体的氧化）。

（5）染后烘干装置。染后的烘干都采用烘筒烘干。

目前，连续轧染机基本上都由上述单元机台组合而成，还可根据需要增减一些单元机，以适应不同染料的染色，如热熔染色机在热风烘燥机后加一组焙烘箱。

2. 卷染机

卷染机又称交辊卷染机或染缸。卷染机是一种间歇式的染色机械，根据其工作性质可分为普通卷染机和高温高压卷染机，适用于直接染料、活性染料、还原染料、硫化染料和分散染料等染色工艺，也适用于平幅织物的退浆、煮练、漂白、洗涤和后处理等工艺，用途较广。它具有操作灵活、检修方便、结构简单、投资费用少、机动性强、适宜多品种小批量加工的特点，但生产效率较低，劳动强度较高，大批量染色易产生缸差。

普通的常温常压卷染机的染槽为铸铁或不锈钢制，槽上装有一对卷布轴，通过齿轮啮合装置可以交替改变两个轴的主、被动，同时给予织物一定张力。织物通过小导布辊使其浸没在染液中并交替卷在卷布轴上。在染槽底部装有直接蒸汽管加热染液，间接蒸汽管起保温作用。槽底有排液管。

为了弥补普通卷染机的不足，目前大部分采用现代卷染机（又称大卷装卷染机、巨卷装卷染机或自动卷染机等）。与普通卷染机相比，它具有恒速恒张力（微张力）卷绕、布卷容量大、织物运行速度范围广、浴比小［可达1：（3~4）］、自动化程度高（工艺参数及染液循环等工艺过程的自动控制）的特点。

染色时，织物由被动卷布辊退卷入槽，再绕到主动卷布轴上，这样运转一次，称为一道。织物卷一道后又换向卷到另一轴上，主动轴也随之变换。染毕，织物打卷出缸。

3. 溢流、喷射染色机

（1）溢流染色机。溢流染色机是特殊形式的绳状染色机，根据染色时工艺条件的不同可分为高温高压型和常温常压型两大类。该机容易操作，使用简便。由于染色时染液通过溢流口而形成一定流量的水流来输送织物，因此织物处于松弛状态，所受张力小，染后织物手感柔软，得色均匀，色泽柔和，能有效地消除织物因折皱而造成的疵病。缺点是浴比较大，染料和水的用量大。主要用于丝绸织物、针织物、毛织物和仿毛织物、弹力织物、毛圈及腈纶织物等的染色。

溢流染色机自动化程度较高，染液循环泵要求流量大，但扬程不需太高。采用溢流染色机染色时，染液从染槽前端多孔板底下由离心泵抽出，送到热交换器加热，再从顶端进入溢流槽。溢流槽内平行地装有两个溢流管，当染液充满溢流槽后，由于和染槽之间的上下液位差，染液溢入溢流管时带动织物一同进入染槽，如此往复循环，达到染色目的。

（2）喷射染色机。喷射染色机与溢流染色机的区别在于后者织物的上升是靠主动导布辊的带动，而前者是由喷嘴喷射染液带动的，因而织物张力更小，各部分所受的力更均匀，被染物的手感比较柔软。喷射染色机占地面积小、染色速度快、产量高、浴比小，可节约材料、动力和劳动力。该机的缺点是操作要求较高，需根据不同规格的织物选用不同的喷嘴，如操作不当，易发生堵布现象。该机可用于高温高压染色，也可用于常温常压染色，适用于针织物、绉类轻薄织物以及弹力织物的染色，但对织物有所损伤，不适应于丝绸、毛型等娇嫩织物的染色。

采用该机染色时，先在 U 形管内注入染液，再通过循环泵将染液由 U 形管中部抽出，经热交换器，再由顶部喷嘴喷出，在喷嘴液体喷射力的推动下，织物在管内循环运动，完成染色。由于染液的喷射作用有助于染液向绳状织物内部渗透，染色浴比也小，织物所受张力更小，因而获得了更优于溢流染色机的染色效果。

为了充分发挥溢流染色机和喷射染色机的优点，做到取长补短、优势互补，目前出现了溢流染色和喷射染色结合的溢流喷射染色机（简称溢喷染色机），有罐式和管道式两种。用该机染色的织物所受张力小，染色浴比小，染液与染物的循环速度快，匀染性较好，操作较简单，适用范围广。

4. 气流喷射染色机

气流喷射染色机是一种新型的染色设备，特别适合于聚酯超细纤维织物的染色及各种机织物、针织物的小浴比染色。与常规喷射染色机相比有以下优点：

①染色时间缩短50%以上。

②蒸汽和水节约50%，可大大降低染化料的消耗和减少工业废水。

③染色重现性好。

④无泡沫，洗涤很容易，生产所用时间短。

⑤染色周期短，染色效果好，对织物无损伤，染后织物不产生折皱，且手感极佳。

⑥染色适用范围广，适用织物面密度范围为 $70 \sim 450 g/m^2$。

⑦染色渗透力强，染色非常均匀，极不易起色花。

除上述织物染色设备外，还有小批量连续轧染机、高温高压连续轧染联合机、短流程湿蒸染色机、超临界二氧化碳染色机、针织物连续染色机、冷轧堆染色机、经轴染色机、高温快速染色机等染色设备。

除织物染色设备外，还有散纤维染色设备、纱线染色设备、成衣染色设备以及其他形态纺织材料的染色设备。散纤维染色设备主要有吊筐式散纤维染色机、螺旋桨式散纤维染色机、高温高压散纤维染色机、毛球（条）染色机等；纱线染色设备主要有往复式绞纱染色机、喷射式绞纱染色机、液流式绞纱染色机、升降式染纱机、高温高压绞纱染色机、高温高压筒子纱染色机、经轴纱染色机和连续染纱机（又称经轴"一步法"染纱机）等。

第五节　棉机织物全工艺轧染实例分析

一、全棉弹力府绸还原染料轧染全工艺实例分析

60S×（60S+70D）133 根/英寸×72 根/英寸全棉弹力府绸，染绿色，大生产

20000m。全工艺流程如下：

（1）生产科接业务科下单后出生产通知单，注明：成品幅宽140cm（55英寸），克重160g/m²，经向缩水率：-3%、纬向缩水率：8%～10%，安排前处理ERP打工艺流程卡。

（2）坯布仓接单后，将实际数量坯布出仓交给前处理车间排布工序。

（3）排布工序按ERP指定的数量、品种、颜色核对无误后开始配布、排布、车缝，采用平缝式包边车缝，然后交给烧毛工序。

（4）前处理工艺流程。

配布→烧毛→冷堆→堆蒸洗水→预定形→丝光（→磨毛）

①烧毛。火口一正一反，车速100m/min，蒸汽灭火。

注意：要保证火口均匀，避免条花，注意布面起皱，避免烧毛条。

②冷堆。工艺处方及工艺条件：

50%液碱（NaOH）	40g/L
50%双氧水	15g/L
稳定剂	12g/L
精练剂	7g/L
络合剂	2g/L
车速	60m/min

工艺流程：两浸两轧，第一轧2.5kg压力，第二轧1.5kg压力，堆置24h。

注意：打大卷转速均匀，用胶纸包好，不能漏风。冷堆过程中不能随意停机，否则会造成布面风干印。

③堆蒸洗水。工艺处方及工艺条件：

50%双氧水	3g/L
稳定剂	2g/L
精练剂	3g/L
络合剂	2g/L
车速	60m/min

浸料后入蒸箱堆置汽蒸30min，温度95℃。六格水洗箱85℃水洗。

注意：洗水机开机前，第一格水洗槽加烧碱 2g/L，温度 85℃。

④预定形。根据客户要求，参照半制品的纬向缩水率制订预定形温度和车速。

纬向缩水率要求 8%~10%。工艺参数：温度 190℃，车速 70m/min。

⑤丝光。扩幅至 140cm（55 英寸）。液碱高位槽浓度 180g/L，车速 80m/min。

注意：洗水要干净，喷淋吸碱要充分，注意水箱皱条。

⑥磨毛。要求低张力。碳素磨辊 3 条，磨辊转速 1100r/min，车速 30m/min，400 号砂纸。

（5）轧染染色。

士林绿色（22900 码），对色光源 D65。工艺处方及工艺条件如下：

还原橄榄绿 T	8.4g/L
还原橄榄绿 B	2.4g/L
还原黑 RB	1.1g/L
防泳移剂 TA	20g/L
50%液碱	30g/L
保险粉	30g/L
轧染打底机车速	45m/min
汽蒸温度	100~102℃
汽蒸车速	45m/min

注意：订单数量大，染色时注意前后的车速，打底机化料要充分搅拌，染前要检测滴料看色样。

（6）后整理。

①定形加软工艺处方及工艺条件。

软油	40g/L
硅油	10g/L
温度	130℃
车速	70m/min
转速	1300r/min。

②气流柔软拍打工艺条件。

排风风量	70%
上风风量	90%
通上风时间	3.5s
下风风量	90%
滑条比例	70%
车速	30m/min

③缩水工艺。经向缩水率要求 -3%，毛毯蒸汽压力 2.5kg，进布蒸汽给温预缩，车速 65m/min。

（7）成品检验、打卷、包装、入库。

①按美标四分制进行成品检验，出具验布报告（图 3-1）并做出是否合格一等品的判定。

②按合同规定的标准提交内在质量检测申请（图 3-2），送样给检测中心进行成品布内在质量检测，并出具成品布内在质量检测报告（图 3-3）。

③入库后待以上两份报告全部合格后出货。

二、全棉斜纹弹力布活性染料轧染全工艺实例分析

20S×(16S+40D) 108 根/英寸×56 根/英寸棉斜纹弹力布，红色，大生产 20000m，全工艺流程如下：

（1）生产科接业务科下单后出生产通知单，注明：成品幅 145cm（57 英寸），克重 250g/m²，经向缩水率 -3%，纬向缩水率 5%~6%，安排前处理 ERP 打工艺流程卡。

（2）坯布仓接单后将实际数量坯布出仓交给前处理车间排布工序。

（3）排布工序按 ERP 指定的数量、品种、颜色核对无误后开始配布、排布、车缝，采用平缝式包边车缝，然后交给烧毛工序。

棉机织布验布报告

客户		单号		工厂		工厂单号											
布种/组织		数量		布封													
花号/颜色																	
批号																	
实测长度																	
实测布幅																	
分点		1	2	3	4	1	2	3	4	1	2	3	4	1	2	3	4
粗纱																	
幼纱																	
结头																	
毛粒																	
粒头																	
磨损痕																	
折痕																	
修痕																	
漏印																	
错印																	
驳布																	
横色档																	
缩水痕																	
油渍																	
色点																	
条花																	
错款/色																	
断纱																	
走纱																	
稀密路																	
浮纱																	
飞花（织入）																	
破洞																	
Jerk-In																	
错纱																	
混纱																	
其他																	
总分																	
最高分/100码内																	
备注																	
检验码数		检验疋数		平均分数													

验货员签名： 日期：

图 3-1 棉机织布验布报告

内在质量检测申请

年　　　月　　　日

客户	样品品种	送样成分	色号/颜色	缸号/单号	检测项目选择（填项目字母）

请选择检测标准：1.GB　　　2.AATCC（部分可做，请咨询）　　　3.ISO（部分可做，请咨询）

色牢度	1.耐干湿摩擦	2.耐洗	3.耐汗渍	4.耐水
	5.耐唾液	6.耐酚黄变	7.耐光	8.耐氯漂和非氯漂
	9.染料转移性能	10.熨烫牢度		
洗水	11.缩水率	12.洗后扭度	13.外观平整度	
韧性	14.克重	15.拒水性能	16.密度（针织）	17.幅宽
强力	18.断裂：条样法　　抓样法		19.撕破：摆锤法　　裤型法	
	20.缝口纰裂	21.顶破	22.胀破	23.弹性回复
起毛起球	24.A：圆轨迹法　　B：滚箱法　　C：乱翻法　　D：马丁代尔法　　E：马丁代尔耐磨			
化学分析	25.pH值	26.甲醛测定	27.燃烧性能	28.成分分析
	29.可萃取重金属：砷（As）　铅（Pb）　铬（Cr）　钴（Co）　铜（Cu） 镍（Ni）　锑（Sb）　镉（Cd）　汞（Hg）			

判定标准：判定标准可在背面选择，如无，请咨询或者填需要的标准。

备注：

申请部门：　　　　　　　　　　申请人：　　　　　　　　　　电话：

图 3-2　纺织品内在质量检测申请

成品布内在质量检测报告

送样部门：_____　　日期：_____　　色号：_____

客户：_____　　缸号：_____　　品种：_____

判断标准：_____

检测项目	测定值	标准值	判定	检测标准	检测条件

主检人：　　　　　　　　　　　　　　　　　　　　审核人：

图3-3　成品布内在质量检测报告

（4）前处理工艺流程。

配布→车缝→烧毛→煮漂→丝光→预定形→磨毛

①烧毛。火口二正一反，车速90m/min，轧淡碱（45g/L），灭火，堆置24h。

注意：烧毛轧碱灭火后包好胶纸，避免风干。

②煮漂。

a. 煮练液处方及工艺条件。

50%液碱（NaOH）　　　　60g/L

络合剂　　　　　　　　　2g/L

汽蒸温度　　　　　　　　98℃

汽蒸时间　　　　　　　80min

b. 氧漂液处方及工艺条件。

50%双氧水　　　　　　6g/L

稳定剂　　　　　　　　5g/L

络合剂　　　　　　　　2g/L

调 pH 值 10~10.5，95℃汽蒸 40min，车速 60m/min。

③丝光。要求扩幅至 145cm（57 英寸）。丝光液处方及工艺条件：

50%液碱（NaOH）　　210g/L

车速　　　　　　　　　80m/min

注意： 四喷四吸，喷吸碱要充分。

④预定形。根据客户下单要求，参照半制品的纬向缩水率制订预定形温度和车速。

纬向缩水率要求 5%~6%，工艺参数：温度 185℃，车速 80m/min，风机转速 1500r/min。

⑤磨毛。要求低张力。碳素磨辊 5 条，磨辊转速 1200r/min。车速 30m/min，600 号砂纸。

（5）轧染染色。

①轧染工艺处方。活性红色，大生产染色 20000m，对色光源 TL84。工艺处方：

活性黄 WH-3R　　　　15g/L

活性红 WH-3B　　　　25g/L

活性蓝 M-2GN　　　　0.03g/L

活性黑 NR　　　　　　0.03g/L

防泳移剂 TA　　　　　20g/L

盐（NaCL）　　　　　150g/L

纯碱（Na_2CO_3）　　　40g/L

②工艺条件。打底机车速 50m/min，汽蒸温度 100~102℃，汽蒸车速 50m/min，皂洗温度 90℃，皂洗车速 50m/min。

注意：若客户对色牢度要求高，皂洗机要升高温度，测好耐水洗色牢度。

（6）后整理。

①定形加软工艺处方及工艺条件。

软油	40g/L
硅油	20g/L
温度	160℃
车速	60m/min
转速	1500r/min

②气流拍打整理工艺条件。

排风风量	70%
上风风量	95%
下风风量	95%
滑条比例	70%
时间设定	3.5s
车速	30m/min

③缩水工艺。经向缩水率要求-3%，毛毯蒸汽压力2.5kg，进布蒸汽给温预缩，车速70m/min。

（7）成品检验打卷包装入库。

①按美标四分制进行成品检验，出具验布报告（图3-1），并做出是否合格一等品的判定。

②按合同规定的标准提交内在质量检测申请（图3-2），送样给检测中心进行成品布内在质量检测，并出具成品布内在质量检测报告（图3-3）。

③入库后待以上两份报告全部合格后出货。

三、轧染工艺及安全操作规程

（一）轧染工艺

1. 工艺流程

审核计算机记录的生产要求→开生产配方→化验室复色样板→开工艺指令

单→领料→机台升温→进布→浸轧染色液→预烘→烘干→浸轧固色液→汽蒸→水洗→皂洗→烘干→检验落布

2. 操作程序

(1) 轧染主管认真审核色样板和加工所需要求后再安排生产。

(2) 工艺员接到排产通知单后必须认真核对加工要求（如客来色样板和化验室复色样板的比较，配方是否差异太大）才能开工艺指令单送到所需生产机台等。

(3) 拉布工按排产通知单要求到中转站领取需加工的布，领布后必须认真检查生产流程卡上质量记录及要求（如生产单号、客户名称、数量、布头及布尾所写的单号、颜色、客户名称是否与流程卡一致，有没有做完前工序等），符合质量要求才能领回生产现场。

(4) 机长必须看清工艺指令单的颜色深浅度再进行操作（如机台的清洁、温度的设定、要求本机台各岗位的预防工作等），认真检查设备及附属设施如落布含潮自动控制仪和水、电、汽流量表及压力表等是否正常合理使用。

(5) 进布工必须核对好加工单号、客户名称、颜色名称等，并大概检查来布的外观质量及面布干湿度后才能取布进行车缝（检查正反、缝线是否平直齐牢等工作）。进布运行中，除确保不跑边外，还须关注来布的质量状况（如明显的外观疵点、布面干湿不一致等），发现不正常时，应及时向机长报告。

(6) 前化料工接到工艺指令单后，从计算机上打印领料单，并认真核对工艺指令单和计算机打印出来的领料单是否一致。

(7) 调整好各种轧车张力等在要求范围内，打开进料槽料阀进料至规定液压，开动主机进行打底染色操作。

(8) 进入汽蒸皂洗机轧固色液→进汽蒸箱汽蒸→水洗→皂洗→烘干→落布。

3. 操作要求

(1) 皂洗机化料工。配、化固色液时一定要穿戴好劳保防护用品（如手套、防护眼镜、防毒口罩等），防止安全事故发生。要做好每一缸料的滴定工作，必要时做好记录，现场和高位缸外的烧碱、纯碱、保险粉等易燃物品必须封闭好，防止沾水后造成火灾、爆炸等事故。

（2）打底机和皂洗机预加热时间一般不超过 15min，否则浪费能源。

（3）打底机在染色过程中要留意布面的质量问题，看是否有疵点，严重的疵点要及时向上级领导报告。

（4）皂洗机落布检验员一定要留意布面质量情况，当布面有疵点时要及时向上级领导反映，并在生产流程卡上按要求做好记录，必要时要留样，认真填写好工序生产质量记录表。要经常留意布面含潮率，必要时合理调控含潮监测器。布车装布前必须把布车内的垃圾清扫干净，检查车轮是否损坏，车轮坏的不能再使用。装好每一车布后在布头和布尾要写上生产单号、客户名称、颜色名称、数量，并包好，不能有布露出车箱外，必要时要用胶纸盖好。每车布上、中、下各剪一块以上并写上记号、箱号等，才可放下工序。

（5）各轧车料槽和蒸箱汽封口料液的液面保持平稳，严禁液位忽高忽低。

（6）在染色过程中机长要不断巡回检查（如机器运转是否正常，来布质量、生产流程卡的检查，落布布面质量情况，本机台的环境卫生，特别是水、电、汽的合理使用等），停机或收班时带动全机人员做好本机台的彻底清洁，关好水、电、汽总开关，做好轧车卸压及 5S（人员、机器、物料、法则、环境）工作等。

（7）各岗位每天要提前 5min 对口交接班清楚，并要把清洁工作搞好才能交任下一班，才可下班。

（8）机台保养工每天检查 1~2 次，如有需要维修的部位，第一时间填写好维修单送到维修部门通知机修工，必要时留好底单。

（二）轧染安全操作规程

1. 开机前的检查

（1）检查轧辊、导布辊、烘筒、煮练箱、蒸箱等是否已经清洁，水槽及蒸箱内有无杂物。检查各部位润滑良好。

（2）检查各传动装置是否正常，有无缺损，防护装置完好。

（3）检查操作按钮及各仪表是否正常，张力调节装置是否正常，气压调节在适当的范围内。

（4）检查各阀门是否正常，疏水良好，无泄漏。

（5）检查红外线烘燥装置是否完好，发热管无损伤。

（6）检查平台上的栏杆、扶手有无脱焊，如有螺丝松动现象，应及时修好。

2. 运行中的注意事项

（1）开机前正确地穿好引导布，穿过的布头须平缝，不许打结。穿布头要有人统一指挥，其他人协调配合，点动开机要有信号联络，蒸箱内穿布要先检查关闭蒸汽阀门。均匀轧车的浸液槽内穿布时应把压布辊取出压好布头再依次放入，禁止用手直接把布头塞入，否则会轧伤手指。

（2）操作轧车时要按照《轧车安全操作规程》操作；操作烘筒烘干机要按照《烘筒烘燥机安全操作规程》操作。

（3）配制好所需的溶液，配制染液、助剂或碱溶液、双氧水之类的腐蚀性液体要注意防护。禁止穿凉鞋、拖鞋，禁止袒胸露臂，要穿戴好防护用品（如胶手套、防护眼镜等），且要遵守《染料、助剂使用安全操作规程》。

（4）缓开蒸汽阀并打开疏水旁路阀疏水，待冷凝水排完后关闭旁路阀。管道预热过程中若有水冲击，应立即关闭蒸汽阀，待水冲击消失后再缓缓开启蒸汽阀。预热完毕，开阀门到所需的开度。

（5）在操作面板上选择好要启动的单元，按联络信号，通知机台上的人员离开，启动整机，并及时察看各部位有无织物堆积，有无织物缠绕在辊子上的现象。检查各部位的张力是否均匀，有无越位现象。检查蒸箱内的织物运行是否有序平展，有无堵布、卡布、塞布的现象。若有异常应立即停机，处理正常后方可继续运行。

（6）运行中，严禁在进布端将手靠近开幅辊去拉布；严禁在轧车的进布端伸手拉布或作记号及处理故障；严禁在导布辊和烘筒的进布端伸手拉布。

（7）运行中禁止随便打开蒸箱、水洗箱的观察门，防止蒸汽喷出伤人。严禁把手伸进运行中的红外线发热区内。

（8）运行中，操作人员须注意力集中，行走操作中不得东张西望，嬉戏打闹。操作人员要衣着整齐、衣袖扎紧，不得穿拖鞋、凉鞋。长发要挽紧，戴好护发帽，谨慎小心操作。操作人员距离机械运动体最小距离不得小于 200mm。

（9）运行中应不断理顺织物，去除织物上的杂物（如铁丝、空芯铆钉、标牌等），发现有打结或异常情况时应立即停机处理，严禁织物上的铁丝等杂物带进机器，损伤轧辊。

（10）登上机器的平台或走梯时，注意脚下打滑，手要抓紧栏杆、扶手，且要注意避开转动的机件。

3. 停机

（1）当织物加工即将结束前应将导布带接在织物尾端，带进机器，以备下次开机时用。

（2）停机后应随即对整机进行清洁，清洁轧辊和烘筒时禁止用刀、铲之类的硬物刮洗，也不可用粗砂布打磨，防止损伤轧辊和烘筒。

（3）打开水洗箱和蒸箱门前，要先检查有无高温危险，人站在观察门的侧后方开门，排完蒸汽冷却后方可进入检查清洗。

（4）设备周围地面要经常清洗干净，防止碱类溶液光滑地面，滑倒操作人员。

（5）停机检查及清洁时，应关闭机台总开关，并在操作总开关处挂上"有人操作，严禁合闸"之类的警示牌，且所有轧车卸压，并关闭压缩空气阀。

（6）清洁设备禁止用水冲洗或浸湿电动机及其他电气设施。禁止用水冲洗红外线发热管部分。

（7）将设备的故障及缺陷告诉相关维修人员维修。

第六节 棉机织物全工艺卷染实例分析

一、全棉弹力府绸硫化染料卷染全工艺实例分析

60S×（60S+70D）133 根/英寸×72 根/英寸全棉弹力府绸，染绿色，大生产20000m，全工艺流程如下：

（1）生产科接业务科下单后出生产通知单，注明：成品幅宽 140cm（55 英寸），克重 160g/m^2，经向缩水率 −3%、纬向缩水率 8%～10%，安排前处理 ERP 打工艺流程卡。

（2）坯布仓接单后将实际数量坯布出仓交给前处理车间排布工序。

（3）排布工序按 ERP 指定的数量、品种、颜色核对无误后开始配布、排布、车缝，采用平缝式包边车缝，然后交给烧毛工序。

（4）前处理工艺流程。

配布→烧毛→冷堆→堆蒸洗水→预定形→丝光→磨毛

①烧毛。火口一正一反，车速 100m/min，蒸汽灭火。

注意：火口均匀，避免条花，注意布面起皱，避免烧毛条。

②冷堆。工艺处方及工艺条件：

50%液碱（NaOH）	40g/L
50%双氧水	15g/L
稳定剂	12g/L
精练剂	7g/L
络合剂	2g/L
车速	60m/min

两浸两轧，第一轧辊压力 2.5kg，第二轧辊压力 1.5kg，堆置 24h。

注意：打大卷转速均匀，用胶纸包好，不能漏风。冷堆过程中不能随意停机而导致布面形成风干印。

③堆蒸洗水。工艺配方及工艺条件：

50%双氧水	3g/L
稳定剂	2g/L
精练剂	3g/L
络合剂	2g/L
车速	60m/min

浸料后入蒸箱堆置汽蒸 30min，温度 95℃。六格水洗箱 85℃水洗。

注意：洗水机开机前，第一格水洗槽加烧碱 2g/L，温度 85℃。

④预定形。根据客户要求，参照半制品的纬向缩水率制订预定形温度和车速。

纬向缩水率要求 8%~10%。工艺参数：温度 190℃，车速 70m/min。

⑤丝光。扩幅至 140cm（55 英寸）。液碱高位槽浓度 180g/L，车速 80m/min。

注意：洗水要干净，喷淋吸碱要充分，注意水箱皱条。

⑥磨毛。低张力，碳素磨辊 3 条，磨辊转速 1100r/min，车速 30m/min，400 号砂纸。

（5）卷染工艺处方。硫化军绿，2000m/缸，共 10 缸。对色光源为 D65。

染液工艺处方（每缸化料）：

硫化黄棕 5G	2400g
硫化宝蓝 CV	2500g
硫化亮绿	1000g
硫化黑 BR	340g

还原剂处方（每缸化料）：

促进剂	6000g
烧碱	1000g

氧化液处方（每缸化料）：

冰醋酸 98%	4000g
氧化剂	600g

工艺流程：

染色（60℃，4 次）→洗水（4 次）→氧化（4 次，40℃）→皂煮（2 次，洗涤剂 2000g/缸）

（6）后整理。

①定形加软工艺处方及工艺条件。

软油	40g/L
硅油	10g/L
温度	130℃
车速	70m/min

| 转速 | 1300r/min |

②气流柔软拍打工艺条件。

排风风量	70%
上风风量	90%
上风排风时间	3~5s
下风风量	90%
滑条比例	70%
车速	30m/min

③缩水工艺。经向缩水率要求-3%，毛毯蒸汽压力2.5kg，进布蒸汽给温预缩，车速65m/min。

（7）成品检验打卷包装入库。

①按美标四分制进行成品检验，出具验布报告（图3-1）并做出是否合格一等品的判定。

②按合同规定的标准提交内在质量检测申请（图3-2），送样给检测中心进行成品布内在质量检测并出具成品布内在质量检测报告（图3-3）。

③入库后待以上两份报告全部合格后出货。

二、全棉斜纹弹力布活性染料卷染全工艺实例分析

20S×(16S+40D) 108根/英寸×56根/英寸棉斜纹弹力布，染红色，大生产20000m。全工艺流程如下：

（1）生产科接业务科下单后出生产通知单，注明：成品幅宽145cm（57英寸），克重250g/m²，经向缩水率-3%，纬向缩水率5%~6%，安排前处理ERP打工艺流程卡。

（2）坯布仓接单后将实际数量出仓坯布交给前处理车间排布工序。

（3）排布工序按ERP指定的数量、品种、颜色核对无误后开始配布、排布、车缝，采用平缝式包边车缝，然后交给烧毛工序。

（4）前处理工艺流程。

配布→车缝→烧毛→煮漂→丝光→预定形→磨毛

①烧毛。火口二正一反，车速 90m/min。轧淡碱（45g/L），灭火，堆置 24h。

注意：烧毛轧碱灭火后包好胶纸，避免风干。

②煮漂。

煮练液处方：

50%液碱（NaOH）	60g/L
络合剂	2g/L

98℃汽蒸 80min。

氧漂液处方：

50%双氧水	6g/L
稳定剂	5g/L
络合剂	2g/L

50%液碱调 pH 值 10～10.5。95℃汽蒸 40min，车速 60m/min。

③丝光。要求扩幅至 145cm（57 英寸）。丝光液处方及工艺条件如下：

50%液碱（NaOH）	210g/L
车速	80m/min

注意：四喷四吸，喷吸碱要充分。

④预定形。根据客户下单要求，参照半制品的纬向缩水率制订预定形温度和车速。纬向缩水率要求 5%～6%。工艺参数：温度 185℃，车速 80m/min，风机转速 1500r/min。

⑤磨毛。要求低张力，碳素磨辊 5 条，磨辊转速 1200r/min。车速 30m/min，600 号砂纸。

（5）卷染。活性红色，2000m/缸，共 10 缸。对色光源为日光灯。

工艺处方：

活性红 WH-3B	3.6%
活性黄 WH-3R	1.5%
活性蓝 2GE	0.014%
活性黑 NR	0.014%
工业盐（NaCL）	20kg

纯碱（Na_2CO_3）　　　　10kg

洗涤剂　　　　　　　　　2kg

卷染染色工艺流程：

60℃染色16次（第5~6次加盐，第9~10次加纯碱）→洗流动水6次→皂煮4次（95℃）→冷水上卷

（6）后整理。

①定形加软工艺。

软油　　　　　　　　　　40g/L

硅油　　　　　　　　　　20g/L

温度　　　　　　　　　　160℃

车速　　　　　　　　　　60m/min

转速　　　　　　　　　　1500r/min

②气流拍打整理工艺。

排风风量　　　　　　　　70%

上风风量　　　　　　　　95%

下风风量　　　　　　　　95%

滑条比例　　　　　　　　70%

时间设定　　　　　　　　3.5s

车速　　　　　　　　　　30m/min

③缩水工艺。经向缩水率要求-3%，毛毯蒸汽压力2.5kg，进布蒸汽给温预缩，车速70m/min。

（7）成品检验、打卷、包装、入库。

①按美标四分制进行成品检验，出具验布报告（图3-1）并作出是否合格一等品的判定。

②按合同规定的标准提交内在质量检测申请（图3-2），送样给检测中心进行成品布内在质量检测并出具成品布内在质量检测报告（图3-3）。

③入库后待以上两份报告全部合格后出货。

三、卷染工艺及安全操作规程

（一）卷染工艺

1. 开机准备

（1）检查机台清洁，电器、水管、汽管、水阀汽阀是否良好。

（2）按生产通知单上注明的客户、布种、数（匹）量、色号、卡号、生产单号确认待加工布，检查布是否车缝、包边、做完前工序。

（3）根据工艺处方单开具工艺指令单，并开领料单，到染料仓领料。

2. 进布

（1）在布头两边各接上 6m 长的导布，用两线车棉线车缝、包边，导布不能有污染，用过的导布下次可选择使用，最好用净布。

（2）接通卷染机电源，进一定量的水，把导布穿过染缸，卷在辊上，导布要打湿，控制好张力，布正面向下进布。

（3）入布布边一定要整齐，布面不能有明显折皱，并检查布面是否有污渍、破洞、烂边等疵点，检查匹与匹之间是否用两线缝纫机棉线车缝、包边，如没有包边必须重新车缝、包边。

（4）入完布后，把另一边导布卷在辊上，调好张力。开机转动过水 2~3 道，使布边整齐，布面平整无皱。

3. 开机染色

（1）去染料仓取回染料、助剂，准备染色。

（2）严格按工艺要求操作，如水位、温度、道数、下料先后等；如染料量少，化料仓没有化料，要自己化料，必须搅拌均匀，筛网过滤，加少量水冲洗 2~3 次残留在桶内的染料，过滤后倒在一起，才能下料进缸。

（3）染料、助剂分两次在两边加入。第一次下 3/5，第二次下 2/5，下完染料或助剂，在缸内搅拌均匀，检查机温是在规定温度才能开机染色。

（4）染色过程中，保持温度稳定。温度偏差控制在±2℃以内。

（5）染色过程中，织物出现卷边、跑边、起皱等现象需拉布时，必须站在退卷方向侧位。

（6）染色时如果发生断布、脱边等应立即先停机，然后用两线缝纫机棉线车缝，不可以长时间停机，并在生产流程卡上作好记录。

（7）剪样对色时要在离布卷中间接口处 10～20cm 处剪样，且尽快皂洗对色，尽量避免织物长时间停留在缸内，造成质量问题。

（8）操作高温高压卷染机时，温度必须降至80℃以下及压力为0时，方可打开缸盖。

（9）染色完成后，要充分水洗，做好后处理。上卷后，启用吊车把布卷挂好吊起，放在车上，推去烘干。吊车开回指定位置停放。

4. 机台清洁

（1）关闭机台电源，把水桶放整齐。

（2）杂物丢入垃圾桶，空的助剂桶、染料桶送回化料仓。

（3）机台染缸清洁干净，无油污、锈点等，并定期用草酸、漂水等助剂洗缸。

（4）机台周围的地面用清水或漂水冲洗干净。

（二）卷染安全操作规程

1. 开机前的检查

（1）检查染槽内是否有杂物、铁屑等，应将染槽清洗干净。

（2）检查染槽底部的放水阀是否完好，不漏水，若有泄漏，需及时叫机修人员维修。

（3）检查传动齿轮箱油位是否正常，空试开机听其是否有异响。

（4）检查控制仪及探头是否完好，程序是否能正确设置，各仪表显示是否正常。

（5）检查电动葫芦是否正常。

2. 开机操作及顺序

（1）未经许可及对本机不熟悉人员不得操作此机。

（2）手动开机运转正反转正常，停电源开关进行卷布操作。

（3）将已准备好的布卷连接到衬布上。用电动葫芦上卷时必须遵守《电动葫芦安全操作规程》。

（4）手动开机卷布，上卷卷布时须有两人配合操作。卷布时必须人手离开布卷，人体任何部位不得碰触转动体。

（5）调整刹车张力，使张力适当，以织物不起皱为准（太紧或太松会使织物起皱）。

（6）若需少量拉布时，必须在退卷方操作，且在有人监护的情况下操作，严禁在卷布方拉布。监护人应切实负责，发现危险情况，应立即停机。

（7）加染料助剂时，须遵守《染料助剂使用安全操作规程》。

（8）手动操作卷布正常后，按工艺要求设置计算机程序，即道数、温度等，进入自动操作程序。进行自动设置及操作其间，人手不得碰触任何转动体及运作中的织物，若需要操作，须先行停机，做好准备后再恢复自动运行。

（9）染色结束退出自动运行，在停机情况下，剪开衬布，将布头卷上退卷辊，人手离开，手动开机退卷，退卷过程中人手不得触及任何转动部位。若需要移动辊子或拉布或发现异常情况，需先行停机，再操作处理。

3. 停机

（1）停机必须先从自动切换至手动，再关掉电源。

（2）用电动葫芦吊下布卷时必须有两人配合操作，挂布卷时一定要平衡、稳定，点动试吊正常后再吊下布卷。

（3）推卷布架时不能速度太快、用力过猛。

（4）停机后检查各部位有无损坏，将故障点告诉维修人员维修。

第七节　棉机织物染色过程中的质量控制

一、棉机织物在轧染过程中的质量控制

轧染宜选用亲和力较低的染料染色，这样有利于减少前后色差。活性染料轧染分一浴法和二浴法，前者更适用于反应性较强的活性染料，后者较适用于反应性较弱的活性染料。

（一）轧染一浴法

一浴法轧染是将染料和碱剂放在同一染浴中，织物浸轧染液后，通过汽蒸或培烘使染料固色的加工过程，该工艺主要适用于一些耐碱稳定性较高的染料，其工艺流程为：

浸轧染液→烘干→汽蒸或焙烘→冷水洗（2格）→热水洗（75~80℃，2格）→皂洗（85~95℃，4格）→热水洗（80~90℃，4格）→冷水洗（1格）→烘干

碱剂的种类和用量应根据染料的反应性和用量而定，反应性越低的染料，选用的碱剂就越强，用量也就越多。由于将染料与碱剂放在同一染浴中，所以选用的碱剂不宜过强，最常用的是小苏打。对于反应性较弱的活性染料，可采用碱性较强的纯碱，也可以采用小苏打加纯碱的混合碱剂，碱剂应在临用前加入，碱剂制备好后放置时间不宜过长。

轧染时，织物一般浸渍染液的时间较短。为了保证染料在较短的时间内能均匀地渗透到纤维内部，需要加入适量的渗透剂，如渗透剂 JFC 等。

海藻酸钠是一种常用的抗泳移剂，其用量为 30~40g/L。活性染料直接性较小，在烘干时易发生"泳移"而造成染色不均匀或阴阳面疵病。轧染的烘干是产生泳移的关键所在，因此，烘干时一般应先红外线烘燥，再经热风烘燥，最后用烘筒烘干，在热风室内力求温度均匀一致。

（二）轧染两浴法

轧染两浴法是指染料和碱剂分浴，织物先浸轧染料溶液，再浸轧含碱剂的溶液（即固色液），然后经汽蒸使染料固色。其工艺流程为：

浸轧染液→烘干→轧含固色液→汽蒸（100~103℃，1min）→冷水洗（2格）→热水洗（75~80℃，2格）→皂洗（85~95℃，4格）→热水洗（80~90℃，4格）→冷水洗（1格）→烘干

为了减少织物上的染料在浸轧固色液时剥落，保持前后色泽一致，固色液中可以加入食盐。为防止刚开机时得色较浅，一般在固色液中还要加入 5%~10%的染料溶液。

二、棉机织物在卷染过程中的质量控制

卷染是浸染的一种，染色时织物在两个卷轴上不断交替卷染，织物不断地从染浴中带上染液，织物所带染液中的染料不断地对纤维进行上染。加入碱剂后，上染在纤维上的染料与纤维形成共价键结合，故上染过程和浸染基本相似，只是采用的浴比更小而已。由于其染色设备及操作方法的不同，在工艺条件的控制上也略有差别。卷染在卷染机上进行，适合小批量、多品种的生产，灵活性很强。一般选用反应性较强的染料，在较低的温度下染色，这样不仅可以节约能源，还可减少因温度不匀而引起的色差，如果染色温度过高，则应选用封闭式卷染机。现在绝大部分染厂都是选用封闭式全自动卷染机。

（1）卷染时由一卷轴转到另一卷轴上的卷染时间不能太长，一般不应超过15min，如时间长、交卷次数少，头尾色差严重，特别是一些直接性较高的染料。卷染浴比一般低于1∶5，染料浓度相对较高，要注意染料的溶解性是否良好，溶解染料应该用软水。对于难溶染料，可用尿素助溶，但染色时不能沸煮，以防和染料发生反应。

（2）染色半制品不应含浆料、残氯、氧化剂，并保持布面的pH值为中性。浆料等杂质能和染料发生反应，不但降低固色率，而且会降低色泽鲜艳度和染色牢度。染前织物应先经水洗，充分润湿，并使织物温度接近卷染液温度。

（3）染料可在染色开始时加入40%，第一道末结束时再加入60%。电解质应该事先溶解好，分多次加入（如在第3、4道分两次加入）。最后一次加入电解质（食盐或元明粉）后，至少再染30min，以便染料充分上染。染色和固色时间（道数）取决于染浴中染料的浓度，浓度高的时间长一些，反之就短一些。同时也与染料结构有关，分子结构小的染料染色时间短一些，反之就长一些。

（4）固色碱剂主要为纯碱，使固色液的pH值保持在10~11。性能比较稳定的染料还可用烧碱或混合碱剂固色。碱剂也应事先溶解，然后分多次沿卷轴两边染槽壁加入。如果用混合碱剂（纯碱和烧碱），则应先加纯碱，在最后一次加纯碱并固色30min左右后，再分两次沿卷轴两边的染槽壁加烧碱，并续染

30~60min。

第八节 棉机织物染色质量疵病的原因分析及预防措施和返修方案

一、中边色的原因分析及预防措施和返修方案

（一）造成中边色的原因

1. 半制品的质量

半漂布上如果在退浆、煮练、漂白、丝光、磨毛时，造成左中右的"毛效"不一致，或者是磨毛布的毛度不一致，就容易产生中边色。

2. 染色时控制不当

（1）卷染下染料及助剂时，左中右没按要求搅拌均匀，染色时循环泵未起作用。

（2）轧染时均匀轧车坏，烘房温度不均匀，皂洗箱水温左中右不一致。

（3）染料的配伍性选择不好。

3. 后整理加软缩水时控制不当

（1）定形机加软时，料槽的软液左中右不均匀，轧车左中右压力不一致，定形机烘房的温度不均匀。

（2）缩水时橡毯温度不一致。

（3）敏感颜色染色后未及时后整理，放在布车里产生风干印。

（二）预防措施及返修方案

1. 半制品的质量

检查半漂布左中右的白度和"毛效"，染前要检查磨毛布的左中右毛度是否一致。如果发现半制品上有质量问题，要立即退回给前处理返煮、返漂、返丝光或返磨毛，确保半漂布左中右的白度和"毛效"一致，磨毛布的毛度左中

右一致。

2. 染色时的控制

（1）卷染下染料及助剂要分头尾，并要求搅拌均匀，切忌一边倒下去就开机，染前要检查缸内的循环泵是否运转正常。

（2）轧染要检查均匀轧车的压力是否左中右一致，烘房温度要保持稳定，皂洗箱内的左中右温差不能太大。

（3）选择染料配伍性好的染料组合。

（4）染色后发现有中边色，可尝试在烘干机内调边色，如果调不到，只有剥色重染。

二、头尾色的原因分析及预防措施和返修方案

（一）造成头尾色的原因

1. 半制品的质量

半制品在退、煮、漂、丝光的过程中，炮与炮（大卷布俗称"炮"）之间、车与车之间的缝头处都会有差别，交接班时、换料时、换机台时，控制不好，都有可能产生染色后的头尾色，只不过半漂布上不明显，染后才表露出来。

2. 染色时控制不当

（1）卷染时在一头下染料或助剂，循环泵不能正常工作都容易造成头尾色。

（2）轧染开机时的头几匹因染料浓度、烘房温度以及汽蒸时间不均匀，都会产生头尾色。

（3）染料组合的配伍性不好。

（二）预防措施及返修方案

1. 半制品的质量

染前要检查半制品的质量，炮与炮之间、车与车之间有无明显的白度差异，如果发现半制品有质量问题，不能强行染色，一定要退回给前处理返工，处理好后才能染色。

2. 染色时的控制

（1）卷染时要分头尾下料，并控制好温度的变化，染前要确保循环泵能正常工作。

（2）轧染开机时，要根据经验及活性染料和还原染料不同的属性灵活调配和增减轧槽染液的初始浓度，确保开机的头几匹布不能太浅或太深。

3. 后整理的控制

（1）加软时，定形机进布时的轧车要调好左中右的压力，并防止脱料。

（2）布车与布车衔接时，以及单与单之间换料时，要确保料槽左中右的浓度均匀，还要确保前后时间段料槽浓度均匀。

（3）要保持缩水机左中右的橡毯温度一致，以及前后时间段温度一致。

（4）落布检验发现有头尾色时，应该在烘干机或定形机分出来进行回修，严重的只有剥色重染。

三、落色的原因分析及预防措施和返修方案

（一）造成落色的原因

1. 半制品的质量

由于前处理是连续作业，在补料过程中或换车换炮时，特别是在停机换炮时，容易出现半制品前后白度和毛效不一致。

2. 染色时控制不当

（1）卷染时，由于操作和技术员对色的眼光问题，容易产生缸差。

（2）轧染时，每一缸的化料以及补料过程控制不好，以及车与车或炮与炮之间连接时的车速、温度控制不到位，均易产生前后匹差。

（3）染料的配伍性未选好，极易出现前后色差。

3. 后整理时控制不当

（1）定形机加软时，软液的浓度不一致，车速和温度控制不好，会产生严重的落色。

（2）缩水机前后橡毯的温度不一致或车速不一致，也会产生前后色差。

（二）预防措施及返修方案

1. 半制品的质量

染前检查车与车、炮与炮的半漂布之间的白度和毛效是否一致，相差太远的一定要退回给前处理工序，返修合格后才能染色。

2. 染色时的控制

（1）卷染时要强调工人的统一操作，以及对色工艺员的对色准确率，减少缸差。

（2）轧染时控制好补料过程，特别要控制好车与车之间、炮与炮之间连接时车速、温度要一致。

（3）染料的配伍性要选好，从化验室打板就要控制。

3. 后整理的控制

（1）保持加软液浓度稳定，控制好定形机的车速和温度前后一致。

（2）保持缩水机工作时橡毯前后车速和温度的一致性。

（3）成品分落色时要分细致，在收货范围之内的，可计算机测色，分落色出货，颜色相差太远的，特别是计算机测色不合格的颜色，一定要放卷回修，颜色太深的，要剥色重染。

第四章

棉机织物的后整理

第一节 后整理概述

根据国内外纺织品的生产经验，要想使产品在激烈的市场竞争中站稳脚跟，除了在生产中采取灵活多变的生产体系，小批量生产，多品种快速交货来争夺市场，充分运用合理的加工工艺来降低生产成本，改善产品质量，以质量和价格取胜，掌握市场流行色、花纹和风格，强化环保意识等措施外，将 ISO 1400 标准贯彻到产品的整个生产过程中，生产符合 Oeko-Tex Standard 100 纺织品，冲破市场壁垒，同时充分利用功能性纺织原料或者对其进行功能性整理来增加其档次和附加价值是行之有效的途径。

我国从 20 世纪 80 年代开始研究开发功能性整理剂及功能性整理等技术，并取得了一定成果。特别是近年来随着人们生活水平和质量的提高，对纺织品要求也逐渐从单纯追求服用功能向追求舒适性方向转变，因此后整理技术得到迅速发展。在全球范围内功能性整理剂市场正逐步扩大，应用前景广阔，发展前景良好，市场潜力巨大。虽然当前我国的后整理加工技术同发达国家相比有一定差距弱项，但是只要我们不懈努力，一定会取得很大发展。

后整理加工对提高纺织产品的质量及服用性能起着至关重要的作用。在生产中，后整理是使纺织品具有良好使用性能的重要途径之一。棉机织物的后整理一般为织物经染色或印花以后的加工过程，是通过物理、化学、物理与化学相结合的方法，采用一定的机械设备，旨在改善织物内质量和外观，提高服用性能，或赋予其某种特殊功能的加工过程，是提高产品档次和附加值的重要手段。

棉机织物后整理总体上可以分为机械整理与化学整理两大类，近年来又发展了通过等离子体、辐射使纤维改性或赋予其某些性能的物理整理技术以及通过酶使织物获得柔软、平滑手感的生物整理技术。

棉机织物的后整理内容十分丰富，具体可以分为以下几类：

①使织物幅宽整齐划一和尺寸稳定的整理，如拉幅、机械或化学防缩、防皱以及热定形等。

②改善和美化织物外观的整理，如增白、轧光、电光、轧纹、起毛、剪毛和缩呢等。

③改善织物触感的整理，如柔软整理、硬挺整理、沙洗等。

④提高织物耐用性的整理，如抗泛黄、抗光损、防霉、防蛀等。

⑤赋予织物特殊服用性能的整理，如拒水、阻燃、防污、抗菌、防蚊虫、抗静电等。

织物种类不一、用途不一，整理要求各异。同一品种的织物在经过各种整理后，其色牢度和手感都会发生变化；而且，随着整理方法和工艺条件的变化，这些变化就更大了。因此，选择合理的整理工艺十分重要。织物的种类越多，其整理要求也就越高，因此在进行整理加工时，要根据不同的目的和对象选择合适的材料和工艺，并根据各种材料的特点确定各自的适用范围，这样才能适应不同的织物品种和不同的整理要求。

织物整理所用到的各种整理助剂随着科学技术和化学工业的发展，特别是石油工业的迅速发展而不断地更新。我国纺织品在国际市场上主要是以中低档产品为主，是因为对后整理的重视程度不够。主要表现为后整理助剂品种少、质量差、档次低、缺乏系列化、高档化等。另外，后整理加工工艺复杂、工序多、成本高、劳动强度大等因素都制约着后整理技术的发展。

第二节 后整理的类别和方法

一、后整理的类别

根据纺织品整理效果耐久程度的不同，可划分为暂时性整理、半耐久性整理及耐久性整理三种类型。

1. 暂时性整理

纺织品的整理效果维持的时间比较短，经过水洗或者使用时整理效果会迅速下降乃至消失，例如上浆、暂时性的轧光或者轧花整理。

2. 半耐久性整理

纺织品在一段时间内能维持其整理效果，也就是说整理效果可以忍受温和和少量的水洗，但经过几次水洗后整理效果将消失。

3. 耐久性整理

纺织品能长时间地保持其整理效果，也就是说整理效果可以耐多次水洗，也可以长时间使用而不消失。如棉织物的树脂整理、反应性柔软剂的柔软整理、树脂和轧光或轧纹联合的耐久性轧光或轧纹整理等，都属于耐久性整理。

纺织品整理除按照上述方法分类外，还有按照整理加工工艺性质分类，如物理机械整理、化学整理、机械和化学联合整理；按照整理要求或用途分类，如一般整理、特种整理等。不管哪一种分类方法，都不能把纺织品的整理划分得十分清楚。有时一种整理方法可以获得多种整理效果，有时织物整理还与染色、印花等工艺结合进行。

二、后整理的方法

纺织品整理目的不一、要求不一，整理方法不同，总的来看可分为下面三类：

1. 物理机械方法

机械整理是指在机械作用下，借助水、热、压、拉等物理机械作用来实现整理。如拉幅、蒸呢、热定形整理等，实现改变织物的外观、提高织物服用性能、提高织档次的目的。虽然有些机械整理也依靠化学物质来提高其耐久性，但仍以机械整理为主，如预缩整理，轧光、电光、轧纹整理，起毛、剪毛、磨毛整理等。

2. 化学方法

化学整理主要指通过某种途径凭借化学物质赋予织物多种特性，并使其与纤维进行物理或者化学的结合，可为单一化学品配方或某些化学品混合配方以达到多种后整理目的。被称为后整理助剂的物质就是些能赋予织物各种性能的化学物质。后整理助剂是通过介质施加的，如水、溶剂—水混合物等，施加到织物上后，接着进行烘干和焙烘，如硬挺整理、柔软整理、树脂整理以及阻燃整理、拒水整理、抗菌整理、抗静电整理等。近年来，施加后整理助剂的方式除了浸轧以外，还可以通过饱和浸渍、泡沫、喷或涂层等方法。

3. 物理机械方法和化学方法相结合

即将物理机械整理与化学整理结合在一起，同时得到两种方法整理的效果。如耐久性轧光整理就是把树脂整理和轧光整理结合在一起，使纺织品既具有树脂整理的效果，又获得耐久性的轧光效果。类似的还有耐久性轧纹和电光整理等。

棉机织物在生产过程中加入了各种后整理助剂，使其具有不同的性能，以适应不同类型的纤维。它是一道复杂的物理和化学加工工序，在一定条件下可改变或消除各种介质对织物的影响，使之达到预期目的，如烘干、焙烘等，从而提高织物的质量。由于棉织物本身的结构特点，决定了它必须具备一定的力学性能和良好的服用性能，否则就会影响其使用效果，甚至使织物失去使用价值，所以在整理过程中应当注意防止纤维过程损伤。另外，还要考虑环境条件等因素，这一点尤为重要。对棉机织物的后整理助剂一般应有如下要求。

①助剂产品中所含化学品应安全无毒，对皮肤无刺激、无过敏反应。

②耐酸、耐碱、耐硬水稳定性好，工艺适应性好。

③与其他后整理助剂相容性好，可以用几种后整理助剂同浴整理织物。

④对织物进行整理后，应不影响或少影响纺织品的色牢度、白度、强力和

手感。

⑤耐洗性要好，经多次洗涤应不降低整理效果。

纺织品整理在整个纺织加工过程中具有十分重要的意义。通过整理加工，不但可以使织物或纤维最大程度地发挥其固有的优良性能，还可以赋予织物某些附加的特殊性能，延长使用寿命，增加产品的附加值。随着人们需求的变化和提高，纺织品整理技术也在不断发展，新型整理剂及其工艺不断涌现。近年来，由于环境保护和能源综合利用问题的提出，纺织品整理加工向着低能耗、无污染的方向发展。

第三节 特殊整理

一、防水（拒水）处理

尽管纺织纤维吸水能力各不相同，但是要求面料具有一定防水性能时，都需要对面料做防水（拒水）整理。化学整理的方法是将疏水性物质固着于织物或纤维表面（或在纤维内部），从而增强织物表面的疏水性。所使用的疏水性物质称防水整理剂。防水整理若以整理后织物的透气性来分类，可分为透气性防水整理和不透气性防水整理。

所谓不透气性防水整理，是指在织物表面涂上连续的疏水性物质或薄膜，使其能够经受一定程度的雨淋及水压作用而不被破坏。一般采用有机硅类乳液或高分子化合物为成膜物，其特点是具有良好的透湿性、耐洗性和抗紫外线性能；对纤维有保护作用；能防止水分子渗入织物内部。由于缺乏透气性，整理后织物不宜作衣料使用。

所谓透气性防水整理，是将疏水性物质固着于织物（或纤维）的表面或内部，从而使织物或纤维具有疏水性，但由于不是在织物表面形成连续的薄膜，因而不影响织物的透气性。但防水能力一般较不透气性防水整理差。为了与不透气防水剂有所区别，这里使用的防水剂称拒水剂。由于透气性防水整理穿着舒适、轻便、无臭味，并有好的手感，所以发展很快，应用较广。防水整理织物根据用途不同，对防水的性能要求也不同。如用于外衣、运动衣、军装和劳动服等用料，要求织物表面不易被水润湿，雨水若滴在织物表面上会立即成珠状而滚落（可用喷淋试验测定）。而用于帆布帐篷布、运动鞋用布、防雨篷布等厚重织物的，则要求积集在织物上的大量水不得透过织物（可用水压试验测定）。当然用于不同用途的织物的组织结构也各有不同。只有织物符合要求，再选用好的防水剂进行整理，才能使整理后的织物获得满意的效果。

优良的透气性防水剂应具备下述特性：

（1）具有好的拒水性。

（2）不影响或能提高织物的手感。

（3）不明显增加织物的重量。

（4）不影响织物的色泽。

（5）不降低织物的透气量。

（6）能耐折叠和摩擦。

（7）与其他整理剂相容性好。

（8）无毒、无异味。

（9）能耐水洗和干洗。

（10）价格便宜，原料易得。

织物的防水效果与油剂、浆料、表面活性剂和碱剂有关。如果不注意这些问题，就可能使防水系统失效，从而影响织物的防水效果。特别是在高温高湿条件下，这种现象尤其明显。因为当水分从面料向内渗透时，由于表面活性剂分子间的静电作用及它们本身带有负电荷而使织物产生静电吸附，导致防水性能下降，甚至完全失去防水功能。例如，在织物上即使残留0.005%的表面活性剂，也会明显降低防水效果。因此织物在防水（拒水）整理前应充分精练和洗涤。

二、防油处理

当面料遇油性液体时，不会被油污打湿，即称该面料具有防油性，也称为拒油性。为了得到这种性质，在加工过程中必须添加防油剂，以减少纤维上的油脂含量和增加其亲水性能。因此，要对纺织品进行各种处理来达到这一目的，其中最主要的是整理加工。至今，有机氟聚合物是最常用的防油整理剂，因为有机氟聚合物的表面张力极小。

固体表面的润湿性能越好，对油污的吸附能力越强，因此，要使固体（纤维）具有一定的防油性，就需要降低固体表面的表面张力，特别是对于一些含有大量油性物质的固体，其表面张力更是不可忽视。选择一种低表面张力且又不含油类成分的高分子化合物是十分重要的。不少油性物质的表面张力在 20~30mN/m（如汽油的表面张力约为 22mN/m），这就要求防油整理剂的表面张力必须小于 20mN/m。虽然聚硅氧烷具有比水小得多的表面张力（约为 24mN/m），有较好的拒水性，但与各类油性物质的表面张力相近，因此易被油污润湿，没有拒油性。而有机氟聚合物则有比油性物质小得多的表面张力（一般在 18mN/cm 左右），因此不易被油污润湿。这一类整理剂整理后的织物不仅能拒水、拒油，还可以防止水性、油性污物的沾污。

有机氟防油整理剂一般是由一种或几种氟代单体（防油整理剂的主体）和一种或几种非氟代单体共聚而成。氟代单体一般为含氟丙烯酸酯单体，提供整理剂拒水拒油性；非氟代单体一般为乙烯基系单体，赋予整理剂好的成膜性、黏合性、耐磨性、耐洗性等应用性能。

有机氟防油整理剂除了具有较好的拒油、防污性能外，在强碱、强酸中均显示较好的化学和耐热稳定性；且只需使用较低浓度，即可发挥优良的拒水拒油效果；另外，由于其表面张力极低，使其润湿力和渗透力大为提高，因此在各种不同物质的表面都很易铺展。在应用中还有一个有趣的现象，即拒油整理后的织物经一定条件的洗涤后，其拒水、拒油性能可能下降，但大多数情况下，当重新焙烘后，其拒水、拒油性会有很大程度的恢复。

优良的防油整理剂应具备以下特性：

（1）可以在水溶液或溶剂介质中使用（最好是在水介质中使用）。

（2）在织物上耐久性好，可经受水洗和干洗。

（3）能保持处理后织物的透气性和透水汽性。

（4）不仅能使织物具有拒水拒油性，还可以使化纤织物具有不易沾污的特性。

三、阻燃整理

普通纺织纤维均为有机高聚物，约 300℃ 即发生裂解，所产生的气体有一部分混入空气中产生可燃性气体，此混合可燃性气体遇明火即发生燃烧。经阻燃整理后的纺织品在火焰作用下也不可能完全不燃，但是可以使之燃烧变慢，脱离火焰后又可马上自熄。因此，对纺织品进行阻燃剂处理后，可有效地提高纺织品的阻燃性和耐老化性能。同时，还可以消除纺织品上的静电，从而避免了静电放电引起的火灾，防止触电事故发生。

随着国民经济的发展、城乡人民生活水平的提高以及城市人口密度的增加，高层建筑越来越多，对纺织品提出了更高的阻燃要求。阻燃是现代科学技术的一个新领域。目前，世界各国正在积极研制和生产各种具有阻燃性能的新型纺织材料，并广泛应用于各行各业。如今，阻燃整理的纺织品在国防、消防、森林、冶金、矿山、交通、旅游等各个领域都引起了广泛的重视。至于民用纺织品、产业用纺织品和装饰用纺织品等阻燃纺织品的需求量也日益扩大，因此，开发研究阻燃整理织物，已成为提高纺织品的高附加价值和提高织物功能性的重要手段。

四、抗静电整理

纤维材料之间或者纤维材料和其他物体之间发生摩擦，常会产生正、负静电或者电荷大小不等的静电。在通常情况下，几乎两物体表面互相接触摩擦并随后分离都会发生静电现象。静电的产生机理可用双电层分离理论指导。但是在实际应用中，人们常常把这种现象称为静电力。当两个物体相接触时，由于物体表面分子的极化，其中一侧吸引另一侧的电子，而本侧的电子后移或电子从一个表面移往另一个表面，因此产生双电层，形成表面电位或接触电位。当两物体急速相互移动然后两个接触表面分开时，如两物体都是良绝缘体，则一侧物体表面带正电，另一侧物体表面带等量的负电。

两物体表面的电荷特性取决于电子流和摩擦电序列，常用纺织纤维的电序列如下：

⊕羊毛　锦纶　蚕丝　黏胶纤维　棉　苎麻　醋酯纤维　维纶　涤纶　腈纶　丙纶⊖

当两种纤维织物相互摩擦时，在电序列中靠左边的纤维带正电，而靠右边的纤维带等量负电。如棉与涤纶摩擦，棉一般带正电，涤纶带负电。而棉与蚕丝摩擦时，则棉带负电，蚕丝带正电。影响纤维带电量的因素很多，但主要取决于纤维的吸湿性和空气的相对湿度及摩擦条件。纤维的亲水性越好，吸湿越多，带电量越低。因为纤维表面及纤维微毛细管中容易形成表面水膜或纤维中的水脉，有利于电子或离子的泄逸。天然纤维如棉、毛、丝、麻等吸湿性较高，电阻较低，静电现象并不严重，而合成纤维由于吸湿性较低、结晶度高等特性易产生静电。

空气中的相对湿度对纤维的吸湿率有很大影响，特别是亲水性纤维的回潮率较大时容易产生静电。因此，在纤维的加工中，为了防止静电的产生，一般采用对纤维进行保湿处理的方法。然而，保湿效果与纤维本身的性质有关。一般来说，湿度越高，纤维的吸湿性越差，这种现象称为吸湿效应。因为即使是亲水性纤维，在绝对干燥的情况下也是绝缘体。例如，在相对湿度为25%时，棉纤维和锦纶的表面比电阻都在 $10^{12}\Omega$ 左右。所以，在回潮率低时，各种纤维所带电荷量的差异是很小的，在纤维表面显示相近的静电。

纤维表面越粗糙，则摩擦系数越大，接触点越多，越容易产生静电。两物体表面的相对摩擦速度越快，则点接触的概率越大，电荷密度越大，电位差也越高。摩擦时，纤维间的压力越大，则摩擦面积越大，带电量也越大。温度对纤维材料的静电量也有影响，温度提高，电阻下降，带电量减小。例如，温度每提高10℃，质量比电阻就下降5倍。

纺织品的静电对纺织品的性能有很大影响，尤其是在高温下工作时，会使纺织品变形或断裂。含水率高的织物容易产生静电，造成金属机件表面出现紊乱缠绕现象；生产过程中使用同一种原料或同一品种不同规格的织物时，因其表面所带的电荷不一样，容易造成落布及下道工序加工困难。另外，带电体之间有静电能传递，当静电能一个带电体从另一带电体上释放时，可引起其他带电体向该物体方向移动。因此，在纺织加工过程中经常遇到静电问题。

操作工的手和带电荷的干布接触时常受到电击，带静电的服装易吸附尘埃而污染，衣服带静电后会发生变形，如裙子粘在袜子上，外衣紧贴在内衣上等。带静电织物常有放电现象，若在爆炸区内，易发生爆炸事故。静电的产生还会影响纺织厂高速纺纱工序的正常进行，起毛机上的静电常使织物起毛困难、起出的绒毛紊乱及倒绕断头。所以对纺织品进行抗静电整理很有必要。

五、卫生整理

生物界是由动物、植物、微生物组成。常见的微生物有细菌（如金黄色葡萄球菌、大肠杆菌、枯草杆菌等）、乳酸链球菌、真菌（如霉菌、酵母菌等）以及其他一些病菌。它们共同组成了一个完整的生态系统。生物之间以及与周围环境（如光、温度、水分等）都存在一定程度上的相互依存关系。

微生物无处不在地存在于自然界，它们在特定条件下不断地生长、繁殖乃至变异。在人的身体里，有一半以上的部位是由微生物构成的，这些微生物通过接触体表直接与外界环境进行物质交换，同时还能将代谢产物及废物排出体外。因此，微生物是人类生活、生产活动的重要污染源之一。随着工业文明的发展，大量的污染物进入自然环境，污染环境、污染空气、污染水源、危害健康、危害食品、威胁生命。衣被及室内装饰品、医疗纺织品等都是由各种微生物寄生着制成的。在一定的温湿度范围内，各种微生物（包括霉菌和霉斑）会对纺织品造成不同程度的污染或破坏，从而影响其使用价值与卫生性能。

纺织品尤其是合成纤维制品（如鞋、袜），由于其吸湿性强，因此，当纺织品与皮肤接触时，不可避免地会吸收大量的水分和汗水，加之外界环境的适宜温度及湿度，极易滋生各种微生物，其中以霉菌和细菌最为常见。当人们穿着这些产品时，如果没有注意卫生，很容易使人感染上各种疾病。据有关资料介绍，目前全世界有1/4以上的人患有不同程度的皮肤病，其中以真菌感染最为多见。

纺织品也可成为微生物的传播媒介。如果纺织品粘上致病菌就会导致各种疾病，如皮肤丝状菌会引起湿疹、脚癣，大肠杆菌会引起消化系统疾病等。即使是非病原菌的繁殖、传播，也会使皮肤产生异常的刺激而引起不愉快的感觉。

纺织品卫生整理是指对纺织品进行整理，防止霉菌等微生物在纺织品中的滋生和繁殖，减少微生物引发的各种疾病，同时还可以降低室内的臭气，改善人们的服用环境。卫生整理主要是抑制被整理纺织品及与纺织品接触的人体皮肤上的细菌、真菌的生长和繁殖。

现代抗菌防臭整理剂（又名卫生整理剂）的发展史可追溯到 1935 年，美国 G. Domak 使用季铵盐处理军服，以防止负伤士兵的二次感染。1947 年，美国市场上出现了季铵盐处理的尿布、绷带和毛巾等商品，可预防婴儿得氨性皮炎症。1952 年，英国 Engel 等用十六烷基三甲基溴化铵处理毛毯和床（坐）垫面料，但是季铵盐活性较低，不耐水洗和皂洗。后来，曾一度使用有机汞、有机锡等高效杀菌剂作为纺织品的抗菌防臭整理剂。但是，这类高效杀菌剂很容易引起人体皮肤的伤害，不久就被淘汰了。以后抗菌防臭整理剂一直沿着安全、高效广谱抗菌和耐久性的方向开发。1975 年，美国道康宁公司发明的有机硅季铵盐（商品名为 AD-5700）是现代最重要的抗菌防臭剂之一。近年来，在无机化合物、纤维配位结合金属化合物以及天然化合物三个方面的抗菌防臭整理剂开发与研究中，取得的进展引人注目。

六、防污和易去污整理

理想衣着用纺织品使用时可防污，不受水性污垢和油性污垢润湿而产生沾污、不因静电而将干燥尘埃和微粒吸附在纤维、织物表面，织物不吸附洗涤液而变成灰色。织物一旦沾污后，在正常的洗涤条件下容易洗净，使纺织品具有这种性能的整理就是防污和易去污整理。

防污整理，国外称 SR 整理。合成纤维（如涤纶）疏水性强，天然纤维（如棉）尽管是亲水性纤维，但经树脂整理后，其亲水基团被封闭，亲水性下降。基于这些原因，合纤织物及天然纤维与合纤的混纺织物易于沾污，沾污后又难以去除，同时在反复洗涤过程中易于再沾污。为克服这种缺点，必须对织物进行防污整理。防污整理包括防油污（不易沾油污），沾污后易清洗（易去污），洗涤时不发生再污染（防再污）和防止产生静电，不易吸尘（抗静电）。为使织物达到防污目的，必须通过三个途径来完成，即防油污整理、易去污整理和抗静电整理。

油污是一个十分笼统的概念，实际上可以认为是油溶性污物、水溶性污物和其他污物的总称。但就其来源来说，不外乎人体的皮肤分泌物和外界侵入物两种。

为使织物具有防污性能，概括起来有三种方法。

①上浆法。在织物表面形成浆料的防护层。这种防护层在洗涤时全部或部分松开，促使吸附的污垢除去，达到容易清洗的目的。这种防污作用不耐久，所以是暂时性防污整理。

②薄膜法。使用高分子化合物在纤维表面生成耐洗的、亲水性的薄膜，促进纤维在洗涤时润湿性，有助于清除附着的污垢。这种方法在实践中越来越受到重视。

③纤维化学改性法。将纤维进行化学改性以改善防污性能。例如，将棉进行接枝引入阴离子型支链化合物或非离子型疏水性物质（如苯乙烯等），在锦纶、涤纶表面接上非离子型亲水性聚氧乙烯基，都对防污性能有显著改善。

通常情况下防污整理不是特别难，只要在树脂整理时加入适当的添加剂便可实现，这类防污性能良好的添加剂叫防污整理剂。

七、防皱整理

棉、麻、丝织物与黏胶纤维纺织印染时，持续承受外力（牵伸、弯曲、拉宽等）使其发生形变，同时受水洗时潮湿与高温影响，纤维形变部位急速回复，因而发生急剧收缩，俗称"缩水"。这样就使纤维失去了原有的弹性和防皱性，给生产带来很大困难。因此，一般都采用染色或印花后再用柔软整理剂（即柔软剂）来处理以改善其性能。另外，如果纤维缺少弹性，防皱性就较差。为克服以上缺点，除对织物进行机械防缩整理外，还使用防缩防皱剂进行化学整理。所谓防缩防皱剂系由合成树脂制成的初缩体，在一定条件下与水混合后再经过树脂整理而成。

很多合成纤维，如涤纶、锦纶和腈纶等，都具有很好的防皱性能和形状保持性，不需要进行树脂整理。而维纶的防皱性能和保形性比棉还要差，合成纤维与棉或黏胶纤维的混纺织物也有缩水问题，这些都需要进行防缩防皱整理。

织物防缩防皱整理是随着高分子化学的发展而产生的新型染整工艺之一。目前，树脂防缩防皱剂已广泛应用于棉、毛、麻及化纤等各种纺织品上，并取得较好效果。从整理发展过程来看，树脂防缩防皱整理经历了防缩防皱整理、免烫"洗可穿"和耐久压烫三个阶段。

早期的防皱整理主要采用尿素或甲醛初缩体整理剂。半个多世纪以来，连续开发了三聚氰胺甲醛初缩体、二羟甲基乙烯脲、N,N'-二羟甲基二羟基乙烯脲（即2D树脂）、二羟甲基三嗪酮、二羟甲基乌龙等树脂整理剂。在对羟甲基氨基树脂生产和使用过程中，由于有甲醛释放，污染环境，又开发了醚化羟甲基氨基树脂，以降低甲醛释放量。此外，国际上对环境保护的要求日益严格，因此近年来又开发了低甲醛、极低甲醛及无甲醛树脂，如1,3-二甲基-4,5-二羟基乙烯脲，以及改性淀粉、聚氨酯、多元羧酸，缺点是防皱效果不如羟甲基类树脂，价格较高，影响工业使用。

随着我国纺织印染工业的迅速发展，纺织品出口量逐年增加，而国内生产的树脂整理剂不能满足市场需要，特别是一些性能较差传统整理剂已不能适应市场的需求，急需开发新型织物防皱整理剂。

八、柔软整理

染整加工时，为赋予织物爽滑柔软手感和提高成品质量，除使用橡毯机械处理（增加织物交织点位移性能）来调整手感之外，还常使用柔软剂。柔软整理已经成为纺织印染加工中提高产品质量和附加价值不可缺少的重要后整理加工过程。

九、涂层整理

早在2000多年以前，我国古代人民就已把生漆、桐油和其他天然化合物涂在面料表面，用来做防水布，因为手感坚硬，不透风而使应用发展受到限制。

直到 20 世纪中后期，人们才开始用聚合物类涂层剂来进行防水。随着高分子合成技术和涂层加工技术的不断发展，人们对涂层整理技术有了新的认识，并将其应用于织物的整理加工中。

涂层整理是指在一定条件下，利用高聚物对物体表面进行处理的一种表面整理技术。涂层整理是纺织品后整理工艺中一个重要组成部分，也是目前国际上流行的一项新技术。它与传统的染色、印花相比具有许多优点，被认为是最有发展前途的染整新工艺之一。涂层整理可使织物具有珠光和双面效应，改善皮革外观，提高织物的回弹性、拒水、耐水压、透湿、防污及阻燃等性能。

涂层产品已广泛应用于人类活动的各个领域，如衣料、日用品、农业、包装、电气、建筑等。特别是近年来，随着人们生活水平的不断提高，对衣着材料提出了更高的质量与功能方面的要求。为此，研究人员已研制出许多新型涂料品种，其中以衣料织物涂层为主的新产品开发较多。衣料织物涂层整理主要为了改善防水性，但为了满足穿着舒适性，还要考虑透气性、透湿性等。

十、抗紫外线整理

日常生活中紫外线多来自太阳光。当太阳辐射强度达到一定程度时，就会引起人体皮肤或眼睛等部位发生疾病，称为紫外线性皮肤病。因此，了解紫外线对人类健康的影响及其防治措施很有必要。到达地球表面的阳光由紫外线（UV，5%）、可见光线（50%）和红外线（45%）组成。紫外线是波长 180～400nm 的电磁波。它可分近紫外线、远紫外线和超短紫外线。近紫外线（UVA）波长 400～315nm；远紫外线（UVB）波长 315～280nm；超短紫外线（UVC）波长 280～100nm。

太阳光中能量为 300nm 左右的电磁波进入大气层后，会与大气中的二氧化碳发生反应生成大量的远紫外线和近紫外线。紫外线能使有机化合物中 C—H、C—C 键以及具有相同键能的物质产生破坏作用，这是它对生物造成不良影响的根源。这三种紫外线对人体皮肤的渗透程度也是不同的，UVC 基本上可以被外表皮和真皮组织完全吸收，UVB 透射能力比 UVA 差，只有 UVA 才可以透射到真皮组织下面。

由此可看出，对皮肤有破坏作用的主要是 UVA，它会和真皮组织反应，并加速其老化。UVB 由于光子能量较高，也有一定的透射深度，故也有一定的老化作用。过量的紫外线照射还会诱发皮肤病（如皮炎、色素干皮症），甚至皮肤癌，促进白内障的生成并降低人体的免疫功能。因此，为了保护人体避免过量紫外辐射，纺织品防紫外线整理已刻不容缓。

纺织品要达到屏蔽紫外线的目的，必须经过紫外线屏蔽整理。棉纤维本身对紫外线屏蔽率最差，而夏天穿着纯棉纺织品是最理想的，因此，提高夏天纯棉纺织品对紫外线屏蔽能力是一个重要课题。紫外线屏蔽整理工艺技术的发展趋势是提高整理效果的耐久性；途径是采用微胶囊技术和制成大分子紫外线吸收剂。

第四节 定形

纤维在纺纱过程中、纱线在织造过程中以及织物在练漂、染色、印花等加工过程中，都会受到各种外力的作用，对织物而言，往往是经向受到拉伸的概率较大，织物经向伸长，纬向收缩，呈现出幅宽不匀、布边不齐、纬斜等缺点。棉机织物在练漂、染色、印花等染整加工基本完成后进行的定形整理，就是为了尽可能地纠正上述缺点。棉织物的定形整理是利用棉纤维在潮湿状态下具有一定的可塑性能的特点，在定形机上将织物幅宽缓缓拉至规定的尺寸，并调整经纬纱在织物中的状态，使织物的幅宽整齐划一，纬斜得到纠正，以符合棉机织物印染成品的规格要求。

一、定形设备

根据固定布边方式的不同，织物定形机有布铗式、皮带式和针板式等形式。棉机织物的定形整理多采用布铗式定形机，该设备是由进布架、浸轧机、整纬装置、烘筒烘干机、热风干燥设备（烘房）和落布架等组成的布铗式热风定形联合机。浸轧机可在轧水给湿或浸轧整理剂时用，织物经过给湿或浸轧整理后，经烘筒初步烘干，由伸幅机的左右两串布铗啮住布边，随布铗链的运行进入热风烘房。织物进入烘房后布铗链间的距离逐渐增大，织物的幅宽被拉至规定尺寸。为使织物的幅宽稳定，一般是使拉伸后织物的幅宽控制在成品幅宽公差的上限。

定形时织物的加热是通过热风喷口向布面垂直喷吹热风进行的。热风是由冷空气通过不同热源的加热装置加热后，经送风机压送至上、下风道的热风喷口。热风喷口可随织物的幅宽调节宽度。在烘房的前部，空气的含潮率较高。在烘房中间有横隔板以阻挡前后部空气的混合，这样有利于较干空气的循环使用和较湿空气排出室外。

在热风定形机上有整纬装置，织物在前处理和染色加工过程中，由于经纱和纬纱受到外力作用不均匀，造成纬纱排列不垂直于经纱，呈直线形或弧形纬斜，如果不加以纠正，就会在热风拉幅后，将这种纬斜状态固定下来。整纬装置由差动式齿轮和导辊式两种。差动式齿轮整纬装置安装于伸幅机出布端的链盘上，利用差动作用使一边铗链的运转速度随纬斜的状态和程度而加快或减慢，从而使织物的直线型纬斜得到矫正。导辊式整纬装置安装于浸轧机之后，烘筒烘干机之前，它是由几根被动的直形或弧形导辊组成，当织物通过一组直行导辊时，可调节导辊间的相对距离，即由平行排列变为呈一定角度的倾斜状态排列，使纬斜的相应部分超前或滞后，以恢复纬纱在整幅范围内与经纱正交，用于矫正直线型纬斜。如果采用弧形导辊，则可使弧线型纬斜拉直。应用机电一体化技术开发的光电整纬装置，具有操作方便、矫正纬型效果好、整纬车速高等优点，能自动控制与不同织物相适应的整纬效果，已被广泛应用于实际大生产中。

二、定形整理工艺

棉机织物定形整理一般工艺流程为：

进布→给湿→预烘→布铗扩幅→定幅烘干→冷却→落布

定幅整理的主要工艺条件有给湿率、定形温度和时间。给湿率一般要求高于回潮率5%~6%，给湿的方法有喷水给湿、高压水喷雾给湿、蒸汽喷射给湿和浸轧给湿。在浸轧给湿时，浸轧机可以浸轧清水，也可以浸轧其他整理工作液，如浸轧柔软整理液、增白整理液、树脂整理液等，在定形整理的同时进行柔软整理、增白整理和树脂整理。一般定形整理的温度可控制在 100~120℃。当定形整理和其他整理合并进行时，可根据整理制品的要求，相应调整烘房温度。定形整理的时间由定形机的车速进行控制，车速要根据织物的厚薄进行调整，一般情况下，加工厚织物时车速为 30~50m/min，薄织物为 50~70m/min。

三、定形操作

1. 操作顺序

（1）根据《设备安全操作规程》检查设备各部件是否符合运行要求。开机前先检查预烘筒、轧车、针板（布铗），以及所有导布辊不可有油污和杂物；检查针板或布铗，如有脱落或缺损一定要补上；检查主机链条或其他润滑。

（2）机长按工艺指令单检查生产流程卡和待整理织物是否相符，核对工艺条件，严格按照工艺要求进行操作，如温度、幅宽、车速、整纬和拉斜。

（3）启动主机，开动链条，开动排风扇及循环风机对机器进行低速预热。检查循环风机是否运转正常，是否有异样的响声，各室控制仪表显示是否准确，显示屏各按键是否灵活；检查各水管、蒸汽管、空压气管道是否有泄漏，打卷机架是否有故障。检查手动整纬器和红外线全自动整纬器是否灵活，各种参数是否设定好。

（4）按《常用助剂操作标准——后整理》配制软油料液或按工艺指令单上的参数选择自动输料系统控制所需份量。

（5）轧槽料液液面应保持稳定，不能忽高忽低，不能有色污泡沫。

（6）当定形机温度达到工艺要求，将缝好的织物平整进入，布边上针要整齐，一般 0.8~1cm。

（7）织物运行中，按工艺指令单要求控制超喂和车速，不能随意加快和减慢。

（8）平整将布落入车中，观察布面质量。

（9）停机时一定要将链条低速运行降温，降温至 60℃再按停机按钮关机。

2. 操作要求

（1）织物运行时，禁止修理链条、导布辊或更换针板。

（2）进布前分清正、背面或毛向倒、顺，两边张力要均匀。

（3）根据工艺指令单要求控制织物的幅宽尺寸及超喂量。

（4）经常注意机后的冷却设备，力求落布温度在50℃以下。

（5）定形织物应分浅、中、深色，依次上机。

（6）发现手感偏硬、色不符、风格差等要及时通知当班领班。

（7）做好生产流程卡、工序生产质量记录表的填写工作。必要时做好留样工作。

3. 注意事项

（1）任何时候，不得在施压的情况下将布头打结通过进布轧车。

（2）运行中如发生烘房或风道火险，应立即停止循环风机和排风机的运行，以防链条局部过热，并迅速打开蒸汽灭火装置扑灭火源。

（3）高温定形时不能突然停机，否则易产生风口印，若停机时间偏长，需将烘房门打开。

（4）必须按统一的工艺操作，否则定形后织物尺寸不稳定，布面皱印。

（5）车速过快，容易上针不均匀，造成脱针，布面有荷叶边。

（6）幅宽过宽，易造成织物破边、撕破、手感风格差。

（7）染料升华易污染设备，沾污织物，必须做好机内清洁工作。节能装置（循环风装置）易积油产生油点，要注意清除油垢。

（8）每班次至少清理一次烘房或纱网上的布毛，保证烘房内的温度均匀准确，在转换品种时，例如由深色布转为浅色布或浅色布转为深色布时，都要清理烘房内的布毛。

（9）所有平纹布都要整纬，大部分的斜纹布都要拉斜，如有斜纬和弯纬，以及拉斜斜度不合格的不可以转入下工序，要及时返工。

（10）如遇上某一布种操作困难，本身无法解决的，立即向领班或主管汇报寻求解决办法。

（11）准备好开蒸汽灭火装置。

四、定形机的安全操作规程

1. 开机前的检查与准备

（1）检查烘房、链条、导轨及传动部件上是否有异物，热交换器的滤网是否已经清洁，安装是否正确，滤网周围不得有开口或漏风处。

（2）启动主机、开动链条前，先检查有无人员在检修；链条开动后，检查链条是否过松或过紧，链条运行是否有卡滞现象，有无异常响声，针板座及针板有无变形、松脱、裂纹、严重磨损等现象，针板钢针有弯曲、断头、钩丝现象时要及时更换；更换针板时一定要停机作业，检查链条时要戴护发帽。

（3）开动排风机及循环风机，检查有无异常响声或不正常的振动，电动机有无过热，有无异常气味散出，发现不正常时应立即停机。

（4）检查油管、阀门、加热器等部位是否有漏油现象，有油泄漏时及时通知有关人员。

（5）检查注油器内应有足够的润滑油，润滑油的牌号必须符合要求，经常检查注油器是否工作正常。

（6）检查探边装置及各限位开关的动作是否可靠有效和灵敏。

（7）检查灭火装置及灭火器是否完好和充足。

2. 运行中的注意事项

（1）开机时前后要有联络信号进行联络。

（2）运行时，操作人员要注意力集中，身体的任何部位不可靠进转动部位，如轧车、超喂辊及链条和刀片的运行范围（最小距离100mm），操作者的衣衫要整齐，衣袖不可过长，袖口要扎紧，长发要盘好，以防发生意外。

（3）运行中操作人员应时刻注意设备各部位有无异常现象，发生故障时及时请有关维修人员检查。

（4）运行中禁止修理、碰触轧辊和链条或更换针板等，轧车和烘筒部分的操作需按照该设备相应的操作规程操作。

（5）运行中如果发生烘房或风道里火险，应立即停止循环风机和排风机的运行（链条要以较快的速度继续运行，以防链条局部过热），关闭风门，堵塞所有进风口，用隔离氧气法灭火，并迅速打开蒸汽灭火装置、灭火口，外部可使用消防设施来扑灭火源。

（6）链条在高速运转需停机时应先降速，再按正常停机按钮，尽量不要经常使用紧急停机按钮停机（紧急情况例外）。

3. 停机

停机后要及时清洁定形机烘房，除去黏附在烘房壁上的油露以及线绒棉絮等，烘房温度在80℃以上时，须保持链条的低速运行。

第五节 磨毛

磨毛整理一般在染前进行，根据来样的手感和毛度以及不同纱支和组织规格，调整磨毛的工艺参数，如干磨、湿磨、砂纸磨、碳素磨，还有磨毛时的车速等。

一、磨毛生产作业指导及安全操作规程

（一）生产作业指导

（1）提前15min上班，做好交接班工作，交清未完成的工作及设备是否一切可正常运转，交清本岗位区域的卫生清洁情况。

（2）生产前首先审清楚生产流程卡上客户及上工序的要求（轻磨、重磨、磨底、磨面等），看客户是否提供了磨毛样板，如有不明之处，第一时间要找跟单员问清楚之后再进行下一步工作。

（3）每一缸布在生产前分清布的底面再上机，查清布毛面的顺逆方向，布头有无车缝牢固，布头缝头勿大，车缝要直，两边平齐，严禁打结。

（4）开机前检查机器各部件是否调节好，如检查磨毛砂布辊有无松销，砂布有无松弛、搭口、损伤现象，砂布型号是否合乎所要生产的品种要求，张力是否适当，以上各项保持在正常情况下才可以开机进行生产。

（5）正常磨毛应按布匹颜色的浅、中、深顺序进行生产，每做完一种颜

色，转换第二种颜色时，应清干净砂布辊以及所有导布辊上的布毛，以免布匹出现沾色疵点。

（6）磨毛张力勿过紧，调到适当的力度，生产过程中留意砂布是否会搭口，布身有无磨穿洞、磨断纱、磨毛痕、中间两边绒度不一致、针路等现象。

（7）生产过程中员工、机长必须加强对质量的监控与检查，密切留意进布与出布的质量情况，确保质量安全性和重现性，减少回修和疵点率。

（8）磨毛前或磨毛生产时发现以下问题应及时停机，并通知当值班长或主管处理。

①磨毛前布面有折痕、死痕、坏风痕、污渍、油渍、针路等现象。

②磨毛前布面有烂洞、勾纱、纱头、较多纱结，弹力差、手感硬等。

③磨毛生产中出现收缩严重、封度窄、磨穿洞、磨烂、磨断纱、磨毛痕、针路等。

（9）所有产品在生产中一定要严格按品种本身的绒度要求来执行工艺统一操作，要根据绒度对砂布的型号进行更换。定时对机器设备进行清洁和维护保养工作。

（10）生产后的布要摆放整齐落入布车，不可装压太多、太高，以免使布面、毛面产生磨毛后的折叠痕。

（11）磨前、磨后要做好留板、质量记录以及相关质量信息反馈等工作。

（二）安全操作规程

1. 开机前的准备

（1）在确保停机、关掉电源的状态下对设备各部分机械及操作面板进行检查。

（2）检查进出布导布辊是否正常，两端螺丝是否松动。

（3）检查磨毛砂辊是否正常，磨砂皮是否完好、有效及适用。

（4）检查整机清洁及磨毛砂辊是否清洁，禁止磨毛砂辊上有其他颜色的布毛时又开机磨毛。

（5）检查各安全防护装置是否灵敏有效。

（6）检查吸风机是否正常，螺丝是否松动，有无卡阻及异响。

（7）检查要磨毛的织物是否准备好，布头是否车好，严禁打结。

2. 开停机运转顺序

（1）正确穿好引导布。

注意：穿导布时必须在停机状态下，并按下急停按钮。

（2）先开吸尘风机，再启动扩幅，根据需要选择蒸汽开关。

（3）根据工艺要求，选择磨毛砂辊的正、反运行方向并调节好磨毛辊的速度。

（4）选择导布的正反方向和导布速度及需设置的其他参数。开启其他相应的辅助设备，微调各部位的运行速度，使织物保持一定的张力，并与主机同步。

（5）停机时先停磨毛砂辊，再停导布、扩幅；及时做好清洁，吹完布毛后再停吸尘风机。

3. 运行中的操作

（1）全机运行后，首先根据磨毛工艺要求调节磨毛压辊的深度，并根据出布磨毛的情况，调整磨毛辊的速度。

（2）进布中要及时不断地检查布面及布结情况，平展进布，严禁打结，进入磨毛辊后的织物，严禁出现打折、起皱等现象。随时检查布面是否与客户样板或工艺要求相符，否则应停机调整或查原因。

（3）运行中，操作人员需注意力集中，全神贯注，不得东看西望，闲话聊天，以防出现意外；操作人员要穿着整齐，衣袖扎好，挽好长发，不得穿拖鞋。

（4）运行中操作人员要随时检查机器各部的运转情况，有无异响，有无异常的发热及气味，各导布辊、磨毛砂辊运转是否正常，砂皮有无脱落，发现异常，应及时停机检查，并通知有关维修人员进行检修。

（5）运行中操作人员身体各部靠近转动部位的最小安全距离不得小于100mm，不得戴手套，不得将异物靠近设备的任何转动部位。

4. 停机后的清洁

（1）清洁设备各部必须在停机状态下进行，按下停机按钮，并有人监护。如需转动布辊，当人员离开后，开机转到需要的位置，停机后再清洁。

（2）需要换砂纸时，全机停止，按下急停按钮，并悬挂"有人工作，严禁合闸"的警示牌，关闭电源方可打开机身上安全防护门，进行操作。在人员未离开时，任何人不得随意打开电源。

（3）检查各部位轴承及润滑面是否缺油，并及时补充润滑油。

（4）操作人员离开设备，必须关闭机台总电源开关，并将设备存在的问题告诉机电维修人员。

二、磨毛水洗联合机的安全操作规程

（一）开机前的检查和准备

（1）磨毛水洗联合机由三大部分机组联合组成，开机检查及运行操作均应执行相应的操作规程，即按《烘筒烘燥机安全操作规程》《磨毛机安全操作规程》和《平幅水洗机安全操作规程》做好开机前的检查。

（2）检查各部分机组需连动运行的准备工作是否就绪，各电器操作面板上的选择开关是否依运行要求已选择好，各操作开关是否正常，旋转方向是否符合要求。

（3）根据工艺需要选择蒸汽阀的开度，在开蒸汽阀之前，需先打开疏水旁路阀，再微开蒸汽阀，待蒸汽从疏水旁路阀泄出，立即关闭疏水旁路阀，按要求调整好蒸汽阀的开度。

（4）根据工艺需要选择水洗蒸煮的投入量，配制好相应的助剂，使用助剂遵守《染料助剂使用安全操作规程》。

（5）检查引导布是否已正确穿好，检查前后联络信号是否正常，检查同步装置是否完好有效，检查安全防护装置是否完好有效，砂纸型号是否适宜。

（6）轧车的检查和使用须遵守《轧车安全操作规程》。

（二）开机及运行中的注意事项

（1）合上各部分机组电控总电源。

（2）打开压缩空气开关，根据需要打开蒸汽阀门并调好蒸汽压力。

（3）根据工艺要求，选择好需运行的单元机组及磨毛辊的正反运行方向及转速。

（4）先启动烘筒烘燥机组，待烘燥的J型落布箱有一定的堆积后再启动磨毛机组及吸尘机；同样待磨毛机组的J型落布箱有一定的织物堆积后再启动水洗烘燥机组。

（5）全机运行后，应随时观察各机组的车速是否同步，否则及时修正。检查进布始终保持平整，接头不得打结，不得缠绕在布车上或挂在其他物体上影响进布。

（6）随时检查磨毛织物是否均匀，毛度是否一致，撕拉力是否符合要求，否则及时调整磨毛辊的转速及调节辊的深度和各张力辊，直到符合工艺要求。若反复调节不能达到要求时应及时停机查找原因。

（7）全机连动运行时，应不断检查烘燥部分的出布是否符合磨毛的干燥要求，磨毛部分的出布是否符合客户的样板或工艺要求，水洗部分的出布是否符合最终的布面要求，否则应及时调整各部分的车速或蒸汽以及助剂、水量等参数，达不到要求应停机查找原因。

（8）运行中不得用手触摸磨毛辊、烘筒、轧车及各传动部位、传动皮带等，操作人员身体各部位距运动体的最小安全距离不得小于100mm。操作磨毛机组及靠近传动部位不得戴手套。

（9）随时检查磨毛砂纸有无松脱现象，若有松脱或需更换砂纸时，必须停机进行，且关闭好电源，挂上"有人操作，严禁合闸"的警示标牌。

（10）各机组运行时应遵守相应的安全操作规程，各机组单机运行时遵守该机相应的安全操作规程。

（三）停机

（1）在整机各部接好导布的情况下，不拉断导布时，先停水洗机组再停磨毛机组，最后停浸轧烘燥机组，若要拉开导布，可在各机组穿好导布后拉开导布，分别停机。

（2）磨毛机组停机时，先停磨毛辊再停主机、毛刷辊及辅助设备，并及时吹尘，做好机台清洁，吹完布毛后再停吸尘风机。

（3）烘燥部分停机时，应先关闭蒸汽阀、轧水槽及化料桶进水，并及时清洗轧辊。

（4）水洗部分停机时，应先停止进水及蒸汽加热和加料等，抬起大卷装置，最后停止整机运行。

（5）磨毛机组清洁严禁用水冲洗，其他部分的电动机及其他电器件等严禁用水冲洗，整机清洁完毕关闭电源开关，清洁地面。

（6）把设备运行中遇到的要维修处告知维修人员。

第六节 空气气流拍打柔软整理

一、气流拍打机的作业指导

（一）开机前

（1）检查烘房、导布辊及传动部件上是否有异物，过滤网及散热器筛网布毛是否已经清扫，滤网不得有破损。

（2）开启电源，开机前先检查有无人员在检修，检查机械设备预热时是否有异常响声，

（3）启动循环风机，检查有无异常响声或不正常振动，电动机有无过热，有无异味散出，发现问题及时关闭风机，及时处理。

（4）检查油管、阀门、散热器等部位是否有漏油现象，有油泄漏及时通知有关人员检修。

（5）检查对中器及限位开关的工作是否正常和灵敏。

（6）检查机台灭火装置及灭火器是否完好和充足。

（二）运行中

（1）开机前做好打铃联系通知工作，确认机台无检修人员方可启动设备准备生产。

（2）运行时，操作人员注意力要集中，身体任何部位不可靠近转动部位，

如进布导布辊、吸边器、落布传动辊，与这些转动部位保持距离（最小100mm）。操作工衣服要整齐，衣袖不可过长，袖口要轧紧，女工必须戴帽子，长发要盘好，以防发生意外。

（3）运行中操作人员应时刻注意设备各部位有无异常现象发生故障时及时写维修保养单，请机械维修人员配合修复后再能投入生产。

（4）运行中如出现故障，先降速，再按正常停机按钮，尽量不要使用急停按钮（紧急情况例外）。

（三）停机后

停机后要清扫烘房及风口，筛网布毛，除去黏附或缠在鼓风箱落布槽挡板上的布毛及纱线。

二、气流拍打机的安全操作规程

（一）开机前的检查与准备

（1）检查烘房、链条、导轨及传动部件上是否有异物，热交换器的滤网是否已经清洁，安装是否正确，滤网周围不得有开口或漏风处。

（2）启动主机、开动链条前，先检查有无人员在检修；链条开动后，检查链条是否过松或过紧，链条运行是否有卡滞现象，有无异常响声，针板座及针板有无变形、松脱、裂纹、严重磨损等现象，针板钢针有弯曲、断头、钩丝现象时要及时更换；更换针板时一定要停机作业，检查链条时要戴护发帽。

（3）开动排风机及循环风机，检查有无异常响声或不正常的振动，电动机有无过热，有无异常气味散出，发现不正常时应立即停机。

（4）检查油管、阀门、加热器等部位是否有漏油现象；有油泄漏时及时通知有关人员。

（5）检查注油器内是否有足够的润滑油，润滑油的牌号必须符合要求，经常检查注油器是否工作正常。

（6）检查探边装置及各限位开关的动作是否可靠有效和灵敏。

（7）检查灭火装置及灭火器是否完好和充足。

（二）运行中的注意事项

（1）开机时前后要有联络信号进行联络。

（2）运行时，操作人员要注意力集中，身体的任何部位不可靠进转动部位（如轧车、超喂辊、链条和刀片）的运行范围（最小距离100mm），操作者的衣衫要整齐，衣袖不可过长，袖口要扎紧，长发要盘好，以防发生意外。

（3）运行中操作人员应时刻注意设备各部位有无异常现象，发生故障时及时请有关维修人员检查。

（4）运行中禁止修理，碰触轧辊、链条或更换针板等，轧车和烘筒部分的操作需按照该设备相应的操作规程操作。

（5）运行中如果发生烘房或风道内火险，应立即停止循环风机和排风机的运行（链条要以较快的速度继续运行，以防链条局部过热），关闭风门，堵塞所有进风口，用隔离氧气法灭火，并迅速打开蒸汽灭火装置，灭火口外部可使用消防设施来扑灭火源。

（6）链条在高速运转需停机时应先降速，再按正常停机按钮，尽量不要经常使用紧急停机按钮停机（紧急情况例外）。

（三）停机后

要及时清洁定形机烘房，除去黏附在烘房壁上的油露以及线绒棉絮等。烘房温度在80℃以上时，须保持链条的低速运行。

第七节 缩水

一、预缩的作业指导

（1）开机前必须检查所有滚筒、胶毯内外是否有铁屑等硬状物体，因这些物体容易刮伤胶毯和滚筒。

（2）检查马达、变速箱、导布辊是否有异样响声，计算机各按键和参数是否灵活和准确。

（3）保养好胶毯和毛毡，停机超过 8h 的，启动前要在胶毯内外洒几把滑石粉，运转几分钟后再打开喷淋水。

（4）按《安全操作规程》要求进行升温，按测试要求设定好各种参数。

（5）检查来布质量，来布是否相符，预先画好缩水率测试尺度，画缩水率测量尺度和测量预缩效果一定要准确，每缸布最少要测量两次缩水效果，测试合格后每个单号剪 0.7 码（64cm）样板给洗板人员测试缩水率，数量有 1 万码（9144m）以上的，每 5000 码（4572m）剪两块样板测试缩水率。缩水率合格后方可转入下工序。

（6）生产运行中特别留意来布的幅宽和布身干、湿度的变化，蒸汽压力是否稳定，预缩后布面是否有水波纹、荷叶边、折边、折角等。

（7）机长要根据布身的厚薄和缩率的大小，以及品种的变换适当调节胶毯的松紧度和压紧度，但一定要保证缩水率的稳定性和准确性。

（8）根据品种的要求，所有的平纹布和格子布都要校正纬斜，大部分的斜纹要拉斜，斜度的大小由品种和规程来定，不合格的绝对不可以送成品打卷出货，需退回定形机整纬和拉斜。

（9）定期打磨胶毯，保证胶毯温度达到工艺要求，打磨胶毯时机长绝对不可以走开，预防意外事故发生。

（10）特别留意胶毯和毛毡是否有跑偏现象，如有则请维修人员及时纠偏。

（11）生产完毕后要搞好机台周围清洁卫生工作。

（12）做好岗位对口交接班工作。

（13）做好生产流程卡、工序产质量记录表的填写工作，以及按要求做好过程留样工作。

二、缩水率测试的作业指导

（一）操作步骤

（1）按规定要求剪样，剪取一块样布，长度 80cm。

①先量样布幅宽，定位画线长度，以50cm为准（图4-1）。

②画线时经向一边必须与布边平行，正方形线框内必须呈现直角。

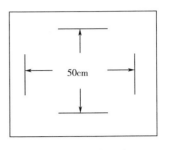

图4-1 样布尺寸

③必要时在布样两边画二单元测试标识。

（2）洗水方法。用工业洗衣机水洗，洗后用抛干烘燥机烘干后取出。具体水洗温度、水洗时间及水洗次数视顾客要求另定。

（3）测量洗后幅宽。测量所标示长度的缩水率（洗后变化参数）。例如，50cm（洗前）-46cm（洗后）=4，结果得出缩水率是8%［即（50-46）×2=8］。

（4）缎纹、斜纹织物在做坯布测试或半成品布测试时要注意观察布边洗后自然收缩情况，出现异常要及时向工艺管理人员反映。

（5）做好测试结果的记录工作，并在判定栏做出合格与否的判定。

（6）判定不合格的测试结果或不能当即判定的测试结果应立即向领班以上管理人员汇报。

（二）注意事项

（1）标示长度的线条要与织物的经纬纱平行。

（2）标示的纵横线条应在水洗样布的中央。

（3）水洗样布抛烘干后要平铺（摊）放置，待其自然降温至环境温度后再测量。

（4）测量时不得给布板的经、纬向施力。

（5）做好测试设备的清洁工作及5S管理工作。

（6）做好对口交接班工作。

三、橡胶毯防缩整理联合机的安全操作规程

（一）开机前的检查与准备

（1）检查各润滑部位是否加有足够的润滑油。

（2）检查各电动机及辊筒转向是否正确（新装机及检修后检查）。

（3）检查蒸汽管路、压缩空气管路、水管等有无泄漏，压力是否在正常范围内。

（4）检查并清洗和调整喷嘴，使喷雾呈均匀雾状，不得出现不均匀现象。

（5）检查橡胶毯、呢毯表面不得有任何杂物。

（6）检查橡胶毯、呢毯是否在辊筒中心运转，各纠偏装置应灵活可靠。开车前必须先开橡胶毯的冷却水，对橡胶毯内外表面进行喷淋。

（7）检查各转动部分及调节部分是否灵活可靠。

（8）开车前预先测定被加工织物预缩前缩水率。调整机器的预缩率，以便达到预期的织物缩率。

（9）开机前排放各烘筒的冷凝水，并对烘筒预热。排冷凝水时需先检查管道是否固定良好，阀门是否完好。否则应先固定好管道、检修好阀门，以防漏气及管道的作用力伤人。

（二）开机运行及注意事项

（1）合上电源开关，打开控制电源旋钮，进入开机状态。

（2）按开车信号，各检查人员离开机器，按开车按钮，机器进入低速运行。

（3）调节各机台间的织物张力适当，并初测预缩率，若达到工艺要求才能升速运转，升速降速直接按升、降速按钮。

（4）根据织物的厚度（或克重）及车速的快慢需适当调节喷雾量，以使织物得到适当的湿度。一般情况下，给湿量为10%~15%，给湿太多会造成织物纬向收缩过大。

（5）喷雾装置的喷嘴需视喷雾均匀程度及时清洗。发现喷雾不匀，应及时清理已堵塞的喷嘴，保证喷雾效果良好才能保证预缩效果。

（6）及时检查喷蒸汽给湿烘筒的包布是否完好，包布的密度、厚度是否适宜，卷在烘筒上的圈数是否适当。

（7）喷蒸汽给湿烘筒的蒸汽压力可在0.01~0.3MPa范围，按工艺需要调节。

（8）橡胶毯的加热承压辊使用蒸汽压力在 0.2~0.5MPa。必须是在加热承压辊运转的状态下方能通入蒸汽。严禁在加热承压辊未转动的情况下开蒸汽。

（9）根据工艺要求调节加压辊的压力及张紧辊的张力。加压辊及张紧辊的调节，由工艺技术人员给出相应的适当调整值调节，未经许可，不得随便乱调，否则会损坏设备。

（10）橡胶毯运转过程中，压紧辊、张紧辊、导辊必须与加热承压辊保持平行，并且均要保持水平，否则会使橡胶毯跑偏。若发现橡胶毯有跑偏现象，应及时调整，避免损坏橡胶毯。

（11）临时停车超过 10min，应关闭加热辊、承压辊的蒸汽，并脱开主传动离合器，用手轮盘动机器，防止橡胶毯和呢毯局部过热。

（12）上布时须在停机或最低速的情况下，将已穿过导布辊的布头，两人配合搭在橡胶毯或呢毯边，开机或由低速运行的设备自然带入（布头必须平展，中间驳接必须平缝，不得打结），任何人不可将手或其他异物伸进橡胶毯或呢毯中。进布的同时需要有人监护，发现异常应立即停机，纠正操作后再开机。所有操作人员，衣袖要扎好，不得披肩散发，不得穿拖鞋，工作时注意力集中，相互配合好。

（13）运行中不得触摸橡胶毯或呢毯及任何转动的部位。若遇到有要处理的情况，应按程序先停机再处理。

（14）呢毯整理机的大烘筒使用蒸汽压力为 0.2MPa，最高不得超过 0.5MPa。

（三）停机程序及注意事项

1. 异常停机

（1）按急停按钮停机。

（2）关闭蒸汽同时脱开主传动离合器，手动盘车。

（3）松开压水辊、压紧辊和张紧辊（冷却水不得关闭）。

2. 正常停机

（1）先降速至低速运行。

（2）关闭各部位蒸汽阀，继续空车运转，使各加热辊及烘筒初步冷却。

（3）松开橡胶毯的压水辊、压紧辊和张紧辊。

（4）打开加热承压辊上方的冷水喷淋管，同时在加热承压辊内通入冷水并继续空车运转，使加热承压辊和橡胶毯充分冷却。

（5）待呢毯整理机的大烘筒和橡胶毯预缩机的加热辊完全降温到常温后，方可停机。

（6）松开各张紧辊并关闭各冷却水阀。

3. 橡胶毯的清洁

经过一段时间的运转，加热承压辊、橡胶毯和各辊筒表面会有浆料、水锈、橡胶粉末等杂物黏积，应经常并及时清除。清除杂物不可用硬质物体擦伤橡胶毯或辊筒表面，也不可用汽油或强碱类化学品擦洗橡胶毯，否则会使橡胶毯溶解变形。

4. 磨橡胶毯

橡胶毯使用一段时间后，表面变光滑，并产生微小裂纹。为保证织物的预缩率，并防止裂纹扩大，必须重磨橡胶毯。磨橡胶毯必须由有经验的操作人员进行操作，不熟悉此项操作的人员不可随意乱磨。磨橡胶毯前应把橡胶毯清洗干净，待干燥后撒上滑石粉（不能喷水）才能用磨辊磨，磨辊应水平安装，并与压紧辊平行，磨时应待橡胶毯上污物和裂纹消失，显出原有颜色后再继续轻磨 10min。

5. 关电源

全部停机后，关闭电源，关闭冷却水，将设备存在的问题及故障告诉相关维修人员进行维修。

第五章

棉机织物的成品检验

验码、抄单、包装、入仓

一、验码

（一）操作步骤

（1）检查码表是否正常，打双表（米表和码表）计。

（2）核对生产流程卡和布头上的打码是否一致。

（3）验布时正面朝上，客户有特殊要求的除外。

（4）验布后剪疋条（5~6英寸），并把数量和编号写在上面。客户有特殊要求的除外。

（5）写贴纸、贴标签、写码单，并完成相关的报告。必要时输入计算机。

（二）操作要求

（1）按生产通知单的要求检验，执行《棉布（外观）成品检验标准》。

（2）检验合格的布，在右端写上编号、数量，待贴好贴纸后转入包装。不合格或待判定的须隔离堆放，并在布端写上加工单号、颜色、数量和大概的疵病等内容，做相关的标识和报告，留样等待复检。

（3）有局部疵点但仍合格的或复验不合格的，都应填写成品（外观）检验报告单或在码单上做好详细记录。

（4）验布时布面要平整，打双表（米表和码表）计，要经常核对码表是否准确。

（5）布身太薄或布面特别光滑的布种，检验应放慢速度，以防打滑而导致数量不准。

（6）若没有特别情况，应卷完同一颜色、同一单号再卷其他布。

（7）做好生产流程卡和工序产质量记录表中相关内容的填写工作，做好相关资料的录入工作。

（8）搞好清洁卫生，做好、剪好落色样板、头缸样板等工作，并确保所剪的样板质量。

二、抄单

（一）操作步骤

（1）核对生产流程卡和布头上的打码是否一致，按生产流程卡所示的单号查生产通知单的相关资料，核对记录本上的内容，按（编）卷号。

（2）把生产通知单上的相关资料反映给验布员，必要时取生产通知单给验布员看。

（3）根据验布员所反映的内容完成码单填写、标签张贴、疵病记录等工作，必要时录入计算机。

（4）折好疋条，交码单给相关人员进行统计和分疋条。根据分 LOT（落色）和对色的要求剪好头缸样板和落色样板，并完成相关资料的更改工作。

（5）按包装键交由下工序包装。

（6）完成生产流程卡和工序产质量记录表，做好相关资料的录入工作。

（二）操作要求

（1）核对生产流程卡和布头的打码是否一致，生产流程卡与生产通知单是否一致，不一致时要即时反映。

（2）书写字迹要清晰、端正，核对码单、标签、布头、疋条与计算机上所示的资料一致后，方可进下一工序进行包装。

（3）同检验员一起剪好落色样板和头缸样板，并确保布面质量，及时完成相关资料的更改工作。

（4）填好生产流程卡和工序产质量记录表，完成相关资料录入工作。

(5) 按"5S"要求，做好机台和周围的清洁卫生。

三、包装

（一）操作步骤

(1) 选择好适合密封的包装膜，并启动预热开关进行预热。

(2) 检查并清洁布疋所通过的通道。

(3) 到达包装所需的温度时，开机进行包装。

(4) 分类堆放整齐。

（二）操作要求

(1) 严格执行《全自动 PE 膜布疋包装机安全操作规程》，按照作业指导书进行操作。

(2) 包装不可有破损，包装膜上的字迹要清楚、整洁，所示的内容要同标签、加工单等相对应。

(3) 布疋分类堆放整齐，贴标签的一端要统一放在一边。若一板布放两个单或两个色时，数量多的放在下面，数量少的放在上面。

四、入仓

（一）操作步骤

(1) 检查压车（叉车）是否正常，通道中各个升降平台是否正常。

(2) 核对码单和实物是否一致，并贴好（牢）LOT 色（即落色）（特殊情况除外）。

(3) 拉到指定的位置摆放整齐。

(4) 办好相关的入仓手续，填好相关报表，挂好标识。

(5) 同仓管员一起核实实物并办好交接手续，把码单交付仓管员走货。

（二）操作要求

(1) 检查压车（液压叉车）是否正常，通道中各个升降平台是否正常，不正常即时通知相关人员进行检修。

（2）所贴的 LOT 色要同实际相符，并贴牢固，码单同实物一致方可入仓。

（3）配合相关人员剪样板、取布验货等工作。

（4）确保布疋摆放整齐，周围环境干净卫生。

第二节　验布机、卷布机、全自动 PE 膜包装机

一、验布机的安全操作规程

（一）开机前的检查

（1）检查各传动部分是否灵活可靠，电气控制部分及调速部分是否灵敏有效。

（2）检查验布托板的板面有无毛刺或擦伤织物的可能，检查照明是否充分。

（3）检查接地是否牢固可靠，操作按钮及电源开关是否安全可靠。

（二）开机验布

（1）在试机正常的情况下开机验布，验布的布速根据需要调整。

（2）验布操作人员需站稳站直或坐正进行工作，不得俯在验布台上或被检验的布上，更不可身体斜靠在机器上工作。

（3）验布机的传动部位虽离操作面较远，但仍有少量的被动辊在操作面，操作人员要戴护发帽，扎紧衣袖，不可以穿高跟鞋、拖鞋工作，必须穿工作服。

（三）停机

（1）停机后，断电，非本机操作人员不可以随意开机器。

（2）停机后操作人员需做好清洁，电气部分不可以用水清洗，导辊及验布台不可以用刀刮或钢刷刷。

（3）验布台台面及验布机下边不可堆放织物或杂品。

二、卷布机的安全操作规程

（一）开机前的检查

（1）空车启动检查卷布辊转动是否灵活，有无卡阻。

（2）检查对边装置是否灵敏可靠，卷布台和卷布辊有无擦伤织物的可能。

（3）若在卷布机上直接验布操作时，需检查照明足够。

（4）检查电源操作开关完好、安全，整机接地可靠。

（二）开机卷布

（1）将需卷装的成品布料放在卷布机后对齐中线，拉好布头，将衬管卷布并放于卷布辊上，开机卷布。

（2）卷布时速度不可过快，手掌伸平可适当拍弄卷不平之处，严禁在高速卷布的情况下用手握卷，或将手或异物放进卷布辊。

（3）操作人员要扎好衣袖，挽好长发，不得穿高跟鞋、拖鞋，精神集中地操作。

（4）卷布机的操作面要有适当的空间，不得堆放过多的包装品或成品，阻碍通道和工作周转处，以防不测。

（三）停机

（1）卷布机停机后要关掉电源，非卷布机的操作人员不得随意开动卷布机。

（2）卷布机上下不得堆放成品布或其他杂物。

（3）卷布机清洁时不可以用水洗或用刀刮卷布辊。

三、全自动 PE 膜包装机的作业指导

（1）选择适合的布匹密封的 PE 膜，尽量减少废料的产生。

（2）开机前检查包装机的各个部位是否正常，布匹经过的通道要干净清洁，以免沾污布匹。

（3）布匹包装后的薄膜不能出现破裂，否则要重包或用透明胶封好。

（4）布匹的摆放一定要整齐，要按照入仓的要求进行堆放，已剪头缸样板的布匹要放在该板布最上面，要配合剪样板和入仓人员的工作。

（5）包装机的周围要保持干净清洁，地面不能有杂物和废料。

第六章

棉机织物染整化验室

第一节 化验室打板作业指导

一、卷染仿样操作

操作步骤如下：

取样（布）→剪布→煮布→称料及配料→滴料→染色→后处理（脱水、烫干）→对样

（1）取样（布）。样布要干燥，在化验室自然平衡 30min 以上，才可剪布称重

（2）剪布并称量。剪布要顺着经纬垂直方向，要平整不纬斜，经长纬短。用最大量程 100~150g、精密度 0.01g 的小电子天平称重，并摆放平整（布重允许误差：5g±0.02g）。

（3）煮布。原坯布或定形后的布按该品种的前处理工艺煮布或除油。

（4）称料及配料。

①称料用电子天秤，标准砝码由责任人定期测试其准确性。

②活性染料每 24h 换料一次，士林染料每一个星期换料一次。每种染料分别按 50%、10%、5%、1%、0.5%、0.05%、0.005%等 7 个浓度于自动开料机上开好待用。

（5）滴料。采用自动滴料系统。

（6）染色。

①按规定检查小样机是否运转正常，包括染杯漏液、小样机的液位和计算

机程序是否符合所制订的工艺。

②按化验室所制订的工艺操作规程进行染色，此规程必须符合化验室的工艺技术和操作要求。

③所有打样机温度由专人定期测试及校正。

（7）后处理。煮枧油→洗净→脱水→烫干。

（8）对样。对样时可根据标准选择自然光或 D65 光源灯箱，或采用客户所要求的光源对样。

二、轧染仿样操作

操作流程如下：

检查设备并准备→配液→剪布→输入染色配方→滴料→浸轧→烘干→固色→对色→贴样

（1）首先对烘干机和汽蒸机进行升温，并检查设备是否处于正常工作状态。

（2）按仿样工艺要求配制好染液、还原液（每 3~4h 更换一次）、固色液、氧化液。

（3）剪长方形布待用。

（4）输入染色配方，自动滴料机滴料。

（5）洗净轧车并用布擦拭干净，调整至规定压力和车速，将布样浸到染液中，然后放到轧车上浸轧染液。

（6）将浸轧染液后的布悬挂于连续烘干机，保持布面平整无皱，防止发生泳移，烘干后取出布样。

（7）烘干后的固色。

①活性染料。将烘干后的布样浸轧盐、碱固色液，放进小汽蒸机中进行汽蒸。到规定时间后取出进行水洗，按工艺要求进行皂洗、脱水、烫干。

②还原染料。对于敏感色及易色花品种，将烘干的布样过汽蒸机，即机台浸轧还原液、汽蒸动作连续化，然后取出进行水洗、氧化、皂洗、水洗、烫干、冷却、对色。

（8）布样应在规定标准光源下对色，按布样和标准的差距调整处方，进行下一次仿样操作，直到色光满足客户和标准要求。

（9）按客户要求贴好分色布样，并贴好留底布样，做好记录。

三、质量要求

（1）布面要求平整，色泽均匀，无沾色、沾污。

（2）附样及留底必须字迹清晰，染料型号、用量要准确无误。增白产品要附半漂布样，改色、套色要附底样。

（3）选择染料必须合理，综合考虑成本和车间生产的稳定性。

（4）要在规定时间内完成仿样工作，否则对客户落单和生产进度造成较大影响，如有困难不能按期完成的要及时通知业务和客户，影响生产的要及时通知生产车间。

第二节 常用溶液浓度测定作业指导

1. 双氧水浓度的快速测定法

吸取双氧水 5mL，加水 10mL，再加入（NH_4）$_2SO_4$ 10mL，用 0.294mol/L $KMnO_4$ 溶液滴至微红色为终点，记下所耗用 $KMnO_4$ 的毫升数。双氧水浓度（g/L）即 $KMnO_4$ 的毫升数。

2. 烧碱浓度（煮漂）的快速测定法

吸取烧碱液 5mL，加水至 100mL 左右，再加入 1%酚酞 2~3 滴，用 0.5mol/L HCl 溶液滴至粉红色消失为终点，记下所耗用 HCl 的毫升数。烧碱浓度（g/L）即为所耗用 HCl 的毫升数×4。

3. 烧碱浓度（丝光）的快速测定法

吸取烧碱液 5mL，加水至 10mL 左右，再加入 1%酚酞 2~3 滴，用 1.25mol/L H_2SO_4 滴至粉红色消失为终点，记下所耗用 H_2SO_4 的毫升数。烧碱浓度（g/L）即为所耗用 H_2SO_4 的毫升数×10。

4. 注意事项

（1）操作时应注意用具的清洁，确保数据准确。

（2）标准测试溶液应在必要时进行校验。

（3）测试时应注意皮肤及眼睛的安全保护。

第三节 自动滴料机的安全操作规程

一、操作程序

水管校正→母液配制→配方输入→配方搬移及清除→配方检查→配方传送及接收→自动滴定。

（1）水管校正。确定配料机水箱内水位正常，在3kg天平上放置一个空杯，点击对应校正。

（2）母液配制。选择瓶号对应染料及配液浓度，按要求加入一定量的染料后，配料机自动计量完成加水，误差值小于2%。

（3）配方输入。输入配方资料。

（4）配方搬移及清除。

①选择所需搬移的配方，点击至要搬移至的新位置；

②选择所需要清除的配方，点击清除即可。

（5）配方检查。检查输入的配方资料是否有误。

（6）配方传送及接收。将配方传送，接收成功后与配方输放界面位置一致。

（7）自动滴定。按配方资料自动计量、自动滴定。

二、异常处理

（1）在滴料过程中如出现计量不准确、母液有泪滴、母液量不足等异常情况，会显示该瓶号并鸣警报。均可先点击系统令其消失，将异常排除后再点击系统重新使用该瓶计量。

（2）若同时有多瓶异常，需先手动将处理好的瓶号改为"0"，将异常排除后再点击系统重新使用该瓶计量。

（3）在计量滴定过程中如发现母液有异常，也可直接在系统处设置该瓶号，避免系统使用该瓶，待异常排除后再恢复使用。

第四节 连续式压吸蒸染试验机（汽蒸机）的安全操作规程

一、开机前的检查

（1）检查导布辊与罗拉的清洁，尤其在做浅色或敏感颜色时。

（2）检查机器是否穿好导布，同时另外准备一份导布。

二、开机

（1）开主电源系统。

（2）开空压机。

（3）开蒸汽系统。

（4）检查温度是否达到所需温度。

三、运行

（1）调整压吸率。

（2）检查水封槽是否有水。

（3）检查染液及助剂配方是否备妥。

（4）检查测试布、导布、配方是否备妥。

（5）将染液或助剂倒入料槽。

（6）当测试布经水封槽掉入落布槽后，取下测试布，进行下一工序。

四、关机

（1）关闭蒸汽、水、空气压力、电源等。

（2）开排水旁通阀。

（3）清洁导布杆及罗拉。

（4）将水封槽水排除。

五、清洁、保养

（1）定期清洁。

（2）加润滑油并定期检查。

第七章

棉机织物染整作业流水线

第一节 染料与助剂使用安全操作规程

一、染料与助剂的入仓

（1）染料到库后，必须及时验收，做到随到随验。

（2）对入仓染料与助剂的品种、规格、数量、质量须同随货凭证逐一核对，确保染料与助剂的品质，凡是质量不符、规格型号不明、数量不清的，一律不准入仓，并及时与有关人员联系处理；入仓后，应及时挂牌标示品名，或储存摆放在有品名标示牌处；防止错装、误装。

（3）染料与助剂必须依照先入仓、后出仓的原则管理。

（4）染料与助剂的装卸要轻搬轻放，不得撞破包装，散撒在地上。

（5）液碱及液酸类的助剂入仓，注意不得泄漏外溢。

二、染料与助剂的存放与保管

（1）存放染料、助剂的仓库要通风、干燥、不漏雨，远离高温热源，留有宽畅的通道，具有完善的防火设施，备有专用的防毒、防护用品柜及专用防护品。

（2）染料与助剂的存放要分区、分库，不同品种、不同性质的染料不得堆放在一起；易挥发的染料、助剂必须严密封闭，分库存放；染料的堆放不得过高，防止压坏包装或使染料变质、结块等；对互相接触能引起爆炸、燃烧的物品或灭火方法不同的物品不能同仓储存，如固体氧化剂与还原剂接触自燃。

（3）仓库内的染料、助剂要定期或不定期地检查清点，严防堆放失误、异种混淆、散袋泄漏、变质失效等事故的发生。

（4）染料仓内每一区位要有明显的标志牌，注明染料的名称、性质；易燃、易爆、强腐蚀性的助剂要有相应的危险标志，易挥发、易飞散的染料要注明"注意密封"等字样。

（5）染料仓由专人管理，非染料仓的人员不得随便出入，有事进入染料仓的人员要登记。

（6）仓库内严禁烟火或携带火种进入，禁止动用明火。

（7）剧毒物品必须储存于专库，专人保管，并采取双人双锁制度。

（8）对遇水燃烧的物品，如保险粉，应放在地势较高处，或设高位平台存放，并能干燥通风，以防受潮或暴雨汛期淹水而引起燃烧。

三、称料和化料

（1）发料员必须凭各班核算员签发并写明品种、编号、数量、未有涂改字迹的领料凭单，核对无误后方可称料，任何人未经许可不得随意取用染料，以防出错，发生事故。

（2）称取染料要用专用的称料盘或器皿，发料人员要戴好防护用品，严禁直接用手取染料。

（3）接触酸碱类的助剂须戴好面罩及防护眼镜和防腐手套，工作服要耐腐蚀且要经常清洗，口罩要戴双层或专用的防酸防毒口罩；操作时要格外谨慎小心，防止灼伤或窒息事故的发生。

（4）化染料或稀释浓酸、浓碱类的助剂时，要先准备好一定量的水，然后再缓慢地将染料或助剂注入水中，不得将水直接倒进染料或助剂里，防止造成沸溅、灼伤甚至爆炸事故。

（5）化染料时需根据染料的多少选择化料桶进行搅拌，化料桶内所装的染料最多不可超过化料桶容积的85%，以防外溢。

（6）当化料桶上的搅拌器工作时，操作人员不可将手或其他异物伸进桶内。

（7）搅拌染料时要注意水或液体染料不可溅上电动机或开关。

（8）操作计算机称料系统的键盘时不可以直接戴着防护手套，这样会污染设备、产生误操作。

（9）计算机称料系统不可以随便退出进行其他操作。

（10）领用染料的人员如果携带的用具不符合要求或无法保证染料不泄漏、不扩散、不安全时，化料人员可以拒绝发料。

四、其他要求

（1）染料仓工作人员必须经过技术质管科的岗前培训指导，掌握相关化学品的性质及防护知识，考核合格后，才可以上岗操作。

（2）染料与助剂仓内不准设办公室、休息室，更不准在仓库内住宿，不准用可燃物在仓库内搭建阁楼等。

（3）接触染料仓工作人员应熟悉各种中毒、灼伤的抢救方法，遇到危险，采取果断解救措施，防止事故扩大。

（4）电子称的清洁可用毛刷扫，不可用嘴吹表面的浮尘，更不能用水冲洗。

（5）计算机称料系统的指示灯不能随便拆卸或移位；染料桶必须按事先规定好的品种和位置摆放，贴好标签；不得交错或移位，随意改变标签位置或名称，称料人员每班都要反复核对检查。

第二节 烧毛车间防火操作规程及消防管理规定

一、烧毛车间防火操作规程

（1）烧毛车间正常工作时应留有一定的防火通道，以便应急时紧急疏散及实施救火。

（2）操作时严格遵守《烧毛机作业指导》，严防发生"跑、冒、滴、漏"现象，日用油罐、油桶不要超过安全量储油（即储油量不得超过容积的80%）。

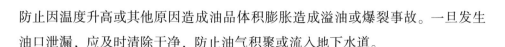

防止因温度升高或其他原因造成油品体积膨胀造成溢油或爆裂事故。一旦发生油口泄漏，应及时清除干净，防止油气积聚或流入地下水道。

（3）烧毛车间禁止堆放易燃、易爆物品；含有油污的破布、纸张等应随时清理干净；机器上所黏附的油污、布毛等易燃物每日至少清理一次，防止自燃。

（4）每日检查烧毛车间的消防设施是否完好有效，数量是否足够，品种规格与灭除油、气类火险相适应。

（5）在排放汽化器及汽化管道和水龙头底部的残液时，需有人监护且车间内无火源的情况下进行，排放残液时不得有人检修。排出的残液要装入专用加盖的储油桶内（禁止用塑料桶等绝缘容器盛装汽油），放入指定的地点。排残液时要小心行事，不得泄漏。万一油泄漏到地面上，要及时用"去油灵"或碳酸钠等擦除干净，不得用水冲洗或扫进水沟里。排放残液的操作人员不得穿戴纯化纤类的服装、手套和带铁钉的鞋，以防静电及铁钉摩擦碰撞引起火花点燃残液。排出的残液装入储罐时，其注液口周围20m范围内不得有电焊、气焊、气割或金属切割、打磨工具的工作。否则不能打开盖子进行残液的处理。雷雨天气不能进行残液的处理。

二、烧毛车间消防管理规定

（1）烧毛车间的员工必须经过消防培训，考试合格后方可上岗。未经培训、考核的新员工，或转岗员工及与烧毛车间工作无关的人员不得进入烧毛车间进行任何操作。

（2）烧毛车间的班长和机长是直接的现场消防指挥员，每日必须对各种消防设施进行检查，对操作人员的操作进行监督，预防误操作，每日的检查须记入运行记录表。

（3）烧毛机火嘴点火前应先到室外呼吸一下新鲜空气，再进烧毛车间感觉油气浓度是否很浓，若异常，则不能点火，应加强排风，待烧毛车间油气浓度降低到正常方可点火。点火命令应由班长或机长经检查确实无误后发出。每日点火之前所测的油气浓度应记入运行记录表。

（4）凡在烧毛车间检修需用电焊、气割时，须先到安保科办理申请，并通知烧毛车间班长或机长到现场监督。检修前检查确信无外露的汽油或汽油残液，该关闭的阀门已全部关闭，应急使用的消防器具已准备完善的情况下进行施工，严禁火源靠近汽油管、汽化器及管道和日用油箱。严禁在烧毛车间对汽化器及管道和汽油管施焊、钻孔、打磨、切割等检修。在日用油箱附近检修时需有专人监护日用油箱的液位计，防止不小心碰坏液位计玻璃管。

第三节 长机台使用水、蒸汽作业指导

一、使用水作业指导

（1）出水口。除设置的固定出水口外，其他部位不得有水流出机外，如水箱导辊轴承的密封口漏水、两个水箱连接管道漏水等必须立即修复。

（2）补充水位置。除单个水箱有出水口外，几个水箱有倒流水连接管道的应在出水口前进方向的最前端水箱内补充水。轧染机按工艺要求增设进水位置。

（3）水箱内水位及倒流水管道连接。各水箱内水位不得漫过水箱内隔板，各倒流连接管道确保畅通。

（4）水流量设定。补充水流量大小应视品种而定，偏厚、偏宽品种的水补充量偏大，偏薄、偏窄品种的水补充量偏小；煮练部分水补充量偏大，复漂部分水补充量偏小；各蒸箱水封口则只要有少量水流出即可。轧染机染深色时流量偏大，染浅色时流量偏小；活性染料染色时流量偏大，士林染料染色时流量偏小。

（5）水流量的观察点。在确保无漏水的前提下，水流量的大小应以固定出水口流出量为准。因为水箱内除自来水补充外，还有烘筒冷凝水等补充，所以观察自来水补充量没有观察出水口的流出量准确。

二、使用蒸汽作业指导

（1）水洗槽蒸汽使用。有温控开关装置的，应确定温控装置有效；无温控

装置的，应按工艺要求控制温度，不允许各水箱内的热水沸腾。

（2）烘筒蒸汽使用。应根据品种厚薄、车速快慢调节蒸汽的进汽量，原则是不过分烘燥、浪费蒸汽。

（3）意外或临时性停机。不论何种原因停机，预测须停机 20min 以上时，各水洗槽都必须立即关汽关水。汽蒸箱须保温的则调整进汽量。烘筒则酌情保温或立即关汽排空。重新开机则逐一调整到正常状态。

第四节　水回收系统的安全操作规程

一、开机前准备

（1）首先检查水泵，可用手转动一下联轴器是否松紧度适中，并检查联轴器平整度，轴心是否对齐，间隙大小是否一致。然后检查水泵是否加润滑油，油位是否到位，轴承黄油是否加注。如不到位，立即加注。检查完成，启动电动机，查看正反转情况，如发现反转，及时请电工调正，并仔细检查液位计是否失灵，补充水电磁是否打开，气动阀气源是否打开。

（2）检查电源、电器、汽动原件是否正常，电器接地是否牢固安全可靠。

二、开机

打开引水阀门，加注引水，打开排气阀门，直到有引水溢出，按泵启动按钮，水泵启动正常后，观看压力是否在 0.4MPa 左右，如在 0.4MPa 属正常启动，如水泵不起压，则按下水泵停止按钮，重新加注引水，再开泵。水泵正常后关闭引水及排气阀门，观看电柜上显示屏压力是否平稳。

三、停机

（1）按下停机按钮，水泵停止运行。

（2）机台停止运行后，仔细检查机台有没有渗漏点出现，如有应及时补好。

（3）机台停止运行后，彻底清扫现场，并仔细检查电源、机件所有部件是否妥当，发现问题及时处理，完毕后才能离开现场。

第五节 淡碱回收系统的安全操作规程

一、开机前准备

（1）检查各水泵，可用手转动一下联轴器，是否松紧度适中，并检查连轴器平整度，轴心是否对齐，间隙大小是否一致。然后检查水泵有否加润滑油，油位是否到位，轴承黄油有否加注，如不到位，立即加注。检查完成，启动电动机，查看正反转情况，如发现反转，及时请电工调正，并仔细检查液位计及浮球液位开关，是否有信号输出输入，如无信号，及时纠正。

（2）检查完水泵后，检查所有阀门是否全部关闭。如发现没有关闭，应关闭后再检查其他部位。阀门检查完毕后，检查所有法兰螺丝连接点，并仔细检查紧固螺丝是否松动，如有，应及时拧紧螺丝。在拧紧螺丝时检查密封垫是否完好，位置是否正确。再检查所有焊接处，是否有漏焊或气孔，如有，应及时补焊。

（3）检查电源、电器、气动件是否正常，电器接地是否牢固安全可靠，外加热器安全阀有否调整，如发现不牢固或没调好安全阀，应及时补救调节好。

（4）检查蒸汽管道、法兰、阀门的安全、灵活可靠，如发现有不妥之处，应及时纠正。

（5）仔细检查温控阀门与气动阀门的开启或关闭是否灵活，必要时先通蒸汽、空气进行试验，做到灵活可靠，该关的关，该开的开。开机前，冷凝水桶气动阀为 45#~49# 开启，38#~41# 与 50#~53# 关闭，其余阀门全部关闭。

注：3#—蒸汽总阀；4#，5#—加热进汽阀；6#，7#—温控阀；8#，9#，10#，11#，12#，13#—疏水阀；14#—淡碱进口阀；15#—淡碱出口阀；16#—过滤器进

碱阀；17#—过滤器出口阀；18#—流量计进口阀；19#—流量计出口阀；21#—循环泵进口阀；22#—循环泵出口阀；23#，29#—取样阀；24#—沸腾室进碱阀；26#—淡碱循环泵进口阀；27#，28#—喷淋阀；30#—出碱流量计进口阀；31#—出碱流量计出口阀；33#，34#，35#—冷却水阀；38#~41#，45#~53#—冷凝水气动阀。

二、开机

（1）打开水喷射泵进口 1# 阀门向水泵进水，然后启动水泵，打开出口 2# 阀门向水喷射器进水，启动水泵后注意观察水泵压力（PH200 型为 0.6MPa，PH160 型为 0.45MPa，PH120 型为 0.4MPa，PH80 型为 0.6MPa）。并再次详细检查机台各处有无泄漏，如有，马上处理，及时排除泄漏点。

注意：该机台全方位不得有漏点，密闭性一定要好，所以第一次开机必须仔细检查，并查清全部机台没有泄漏地方才可。

（2）有水喷射器抽真空正常，检查机台无泄漏的情况下，打开蒸汽总阀 3#，打开加热器进汽阀 4#、5#，压力控制在 0.05MPa。然后打开 8#、11# 疏水器进口阀，再打开 9#、12# 疏水器出口阀。同时打疏水器旁通 10#、13#，待蒸馏凝结水排完后关闭 10#、13# 旁通阀，疏水器自动疏水。这时可调整温控阀 6#、7#，直调到所需温度 103~110℃（PH160 型、PH120 型、PH80 型为一个加热器，减少蒸汽加热阀 4#、6# 及疏水器进出口与旁通阀 11#、12#、13#）。

（3）在机台第十二级真空度达到 0.04MPa 时，再次检查机台的泄漏情况。检查完毕后适当开启砂过滤器进碱阀 16#，同时打开砂过滤器出口阀 17#，（如有淡碱泵，淡碱泵进口阀为 14#，出口阀为 15#），向砂过滤器进碱（砂过滤器有液位控制，进满后自动停止进碱）。然后打开进碱转子流量计下部进口阀 18#，适当打开 19# 流量计出口阀，进碱量控制在 2m³ 以内，慢慢向扩容蒸发器进碱。与此同时，打开循环泵进口阀 21#，过 10min 启动循环泵，适当开启循环泵上部出口阀 22#，控制流量，千万不能使水泵抽空，一定要调节好流量。此时，应打冷却水阀门 33#、34#、35#，向各水泵注入冷却水，调节好水泵冷却水阀 34# 与 35#，让清水在水封出口流出即可。不要开启太大，慢慢出水就不会冲坏水泵水封。该阀门打开调节好后不再关闭，停机自动停水。

（4）待真空度达到0.07MPa（从抽真空处看第一个表），适当增加循环泵流量，同时加大蒸汽进汽量，蒸汽压力控制在0.1MPa（外加热器表压）。这时打开24#阀向沸腾室进碱（该阀为气动阀，在最后一级有液位控制器，自动进碱调节液位）。待沸腾室有液位后打开浓碱循环泵进口阀25#，同时打开浓碱循环泵出口阀26#，并打开喷淋阀27#、28#，进行循环喷淋。

（5）当蒸汽压力、温度及各级真空度等正常后，开始微调主机下部，调整液位，尽量使各级液位平衡。液位控制在各级视镜玻璃下部，不能到视镜玻璃上。再次调整进碱参数（PH200型为8m³左右；PH160型为5~6m³；PH120型为4~4.58m³；PH80型为38m³），温度控制在105℃左右，投入正常运行。

（6）机台在正常运行中，经常检查各级液位、真空度、温度以及各气动阀、温控阀等动作是否适当，如发现不正常应查清原因及时纠正。正常运行后每小时必须检测一次碱浓度，并做好记录。待沸腾室浓度达到或接近可以出碱时，应经常打开取样阀23#、29#取样检测浓度情况，待达到浓度时打开出碱流量计进口阀30#，计算好出碱量后打开流量计出口阀31#进行出碱。出碱量计算：淡碱÷浓碱×处理量＝出碱量。控制出碱量后进行连续出碱。

（7）碱回收装置正常运行的参数表（PH200型，表7-1）。

表7-1　碱回收装置正常运行参数

级数	1	2	3	4	5	6	7	8	9	10	11	12
外加热进出温度/℃	105								78			
蒸发室压力/MPa	0.03	0.02	0									
蒸发室真空度/MPa				0.017	0.026	0.035	0.044	0.05	0.06	0.07	0.085	0.085

（8）运行中的注意事项

①多检查温度、压力、真空度。随时调节好水喷射器的水量（压力在0.5MPa以上）和蒸汽压力（控制在0.2MPa以下为好）、淡碱量。各温度、压力、真空度每1h记录一次。

②经常检查各级的液面，并且注意气动阀、温控阀工作是否正常。如液面过高时要减少进碱量。

③每小时分析一次淡碱和循环碱液的浓度，做好记录。并检测蒸发冷凝水pH值，统计出水量。

三、停机

（1）关上蒸汽阀3[#]停止供汽。

（2）关小流量计出口阀18[#]，使淡碱进碱量降到2m³/h，3min后全部停止进碱。然后反冲砂过滤器，反冲砂过滤器参考砂过滤器操作规程。

（3）5min后关闭循环泵，关闭循环泵出口阀22[#]。同时关闭浓碱流量计出口阀31[#]。

（4）待砂过滤器反冲完毕后，关闭浓碱喷淋泵，停止喷淋，然后关闭水喷射泵。

（5）机台停止运行后，仔细检查机台有没有渗漏点出现，如有，应及时补好。

（6）机台停止运行后，彻底清扫现场，清洁环境，并仔细检查电源、蒸汽、淡碱、浓碱的所有部件是否妥当，发现问题及时处理，完毕后再能离开现场。

◆参考文献◆

[1] 刘正超. 染化药剂 [M]. 2版. 北京：中国纺织出版社，1980.

[2] 王菊生，孙恺. 染整工艺原理（第一册）[M]. 北京：纺织工业出版社，1982.

[3] 侯永善. 染整工艺学：第二册 [M]. 北京：纺织工业出版社，1985.

[4] 金咸穰. 染整工艺实验 [M]. 北京：纺织工业出版社，1987.

[5] 王菊生. 染整工艺原理 [M]. 北京：纺织工业出版社，1987.

[6] 张洵栓. 染整概论 [M]. 北京：纺织工业出版社，1989.

[7] 陶乃杰. 染整工程（第一~三册）[M]. 北京：中国纺织出版社，1991.

[8] 侯毓汾. 染料化学 [M]. 北京：化学工业出版社，1994.

[9] 周宏湘. 印染技术350问 [M]. 北京：中国纺织出版社，1995.

[10] 董振礼，郑宝海，轩桂芬. 测色及电子计算机配色 [M]. 北京：中国纺织出版社，1996.

[11] 袁观洛. 纺织商品学 [M]. 上海：中国纺织大学出版社，1998.

[12] 盛慧英. 染整机械 [M]. 北京：中国纺织出版社，1999.

[13] 宋心远，沈煜如. 新型染整技术 [M]. 北京：中国纺织出版社，1999.

[14] 范雪荣. 纺织品染整工艺学 [M]. 北京：中国纺织出版社，1999.

[15] 罗巨涛，姜维利. 纺织品有机硅及有机氟整理 [M]. 北京：中国纺织出版社，1999.

[16] 徐燕莉. 表面活性剂的功能 [M]. 北京：化学工业出版社，2000.

[17] 刘振海. 分析化学手册（第八分册：热分析）[M]. 北京：化学工业出版社，2000.

[18] 徐谷仓，陈立秋. 染整节能 [M]. 北京：中国纺织出版社，2001.

[19] 陈运能，范雪荣，高卫东. 新型纺织原料 [M]. 北京：中国纺织出版社，2001.

［20］黄茂福．化学助剂分析应用手册（上、中、下）［M］．北京：中国纺织出版社，2001.

［21］高绪珊，吴大诚．纤维应用物理学［M］．北京：中国纺织出版社，2001.

［22］刘必武．化工产品手册：新领域精细化学品［M］．北京：化学工业出版社，2001.

［23］张武最．化工产品手册：合成树脂与塑料合成纤维［M］．北京：化学工业出版社，2002.

［24］陈胜慧．染整助剂新品种应用及开发［M］．北京：中国纺织出版社，2002.

［25］蔡苏英．染整实验［M］．北京：中国纺织出版社，2002.

［26］朱世林．纤维素纤维制品的染整［M］．北京：中国纺织出版社，2002.

［27］程万里，唐人成，梅士英．双组分纤维纺织品的染色［M］北京：中国纺织出版社，2003.

［28］王树根，马新安．特种功能纺织品的开发［M］．北京：中国纺织出版社，2003.

［29］罗巨涛．染整助剂及其应用［M］．北京：中国纺织出版社，2003.

［30］骆希明，骆介禹．纤维素基质材料阻燃技术［M］．北京：化学工业出版社，2003.

［31］徐谷仓，沈淦清．含氨纶弹性织物染整［M］．北京：中国纺织出版社，2004.

［32］周永元．纺织浆料学［M］．北京：中国纺织出版社，2004.

［33］陈立秋．新型染整工艺设备［M］．北京：中国纺织出版社，2004.

［34］夏建民．染整工艺学（第一册）［M］．2 版．北京：中国纺织出版社，2004.

［35］杨静新．染整工艺学（第二册）［M］．2 版．北京：中国纺织出版社，2004.

［36］王宏．染整工艺学（第四册）［M］．2 版．北京：中国纺织出版社，2004.

［37］唐育民．染整生产疑难问题解答［M］．北京：中国纺织出版社，2004.

[38] 夏玉宇. 化学实验室手册 [M]. 北京：化学工业出版社，2004.

[39] 刘程. 表面活性剂应用手册 [M]. 北京：化学工业出版社，2004.

[40] 刘程，米裕民. 表面活性剂性质理论与应用 [M]. 北京：北京工业大学出版社，2004.

[41] 张天胜. 生物表面活性剂及其应用 [M]. 北京：化学工业出版社，2005.

[42] 周永元，洪仲秋，万国江. 纺织上浆疑难问题解答 [M]. 北京：中国纺织出版社，2005.

[43] 黄洪周. 化工产品手册：工业表面活性剂 [M]. 北京：化学工业出版社，2005.

[44] 朱谱新. 经纱上浆材料 [M]. 刘冠洪，译. 北京：中国纺织出版社，2005.

[45] 刘国良，染整助剂应用测试 [M]. 北京：中国纺织出版社，2005.

[46] 慎仁安. 纺织测试仪器使用手册 [M] ·北京：中国织出版社，2005.

[47] 林细姣. 染整试化验 [M]. 北京：中国纺织出版社，2005.

[48] 谢光银. 纺织品设计 [M]. 北京：中国纺织出版社，2005.

[49] 林细姣. 染整技术（第一册）[M]. 北京：中国纺织出版社，2005.

[50] 沈志平. 染整技术 [M]. 北京：中国纺织出版社，2005.

[51] 蔡苏英. 染整技术实验 [M]. 北京：中国纺织出版社，2005.

[52] 唐育民. 合成洗涤剂及其应用 [M]. 北京：中国纺织出版社，2006.

[53] 李显波. 防水透湿织物生产技术 [M]. 北京：化学工业出版社，2006.

[54] 廖选亭. 染整设备 [M]. 北京：中国纺织出版社，2006.

[55] 丁晓芬，阎克路，周坤. 漂白手册 [M]. 北京：中国纺织出版社，2005.

[56] 陈克宁，董瑛. 织物抗皱整理 [M]. 北京：中国纺织出版社，2005.

[57] 董仲生. 荧光增白剂实用技术 [M]. 北京：中国纺织出版社，2006.

[58] 李华昌，符斌. 化验师技术问答 [M]. 北京：冶金工业出版社，2006.

[59] 王瑞. 纺织品质量控制与检验 [M]. 北京：化学工业出版社，2006.

[60] 薛迪庚，马兰宇. 印染技术500问 [M]. 北京：中国纺织出版社，2006.

[61] 曾林泉. 印染分析化验手册 [M]. 北京：中国纺织出版社，2007.

［62］翟亚丽．纺织测试仪器操作规程［M］．北京：中国纺织出版社，2007．

［63］徐蕴燕．织物性能与检测［M］．北京：中国纺织出版社，2007．

［64］陈一飞．纺织印染实用加工技术［M］．北京：化学工业出版社，2008．

［65］贺良震．涤纶及其混纺织物染整加工［M］．北京．中国纺织出版社，2009．

［66］崔浩然．机织物浸染实用技术［M］．北京：中国纺织出版社，2010．

［67］崔浩然．织物仿色打样实用技术［M］．北京：中国纺织出版社，2010．

［68］曾林泉．印染配色仿样技术［M］．北京：化学工业出版社，2010．

［69］杨晓红．测色配色应用技术［M］．北京：中国纺织出版社，2010．

［70］曾林泉．纺织品贸易检测精讲［M］．北京：化学工业出版社，2012．

［71］崔浩然．优质高效节能减排染色技术40例［M］．北京：中国纺织出版社，2012．

［72］侯海云，韩兴刚，冯朋鑫．表面活性剂物理化学基础［M］．陕西：西安交通大学出版社，2014．

［73］宋昭峥．表面活性剂科学与应用［M］．2版．北京：中国石化出版社有限公司，2015．

［74］刘仁礼．合成纤维及其混纺制品染整［M］．北京：中国纺织出版社，2015．

［75］刘红．表面活性剂基础及应用［M］．北京：中国石化出版社，2015．

［76］朱平．功能纤维及功能纺织品［M］．2版．北京：中国纺织出版社，2016．

［77］倪红．服装材料学［M］．北京：中国纺织出版社，2017．

［78］任永花，范立红．纺织品性能测试实验［M］．北京：化学工业出版社，2017．

［79］华幼卿，金日光．高分子物理［M］．5版．北京：化学工业出版社，2019．

［80］王培义，徐宝财，王军．表面活性剂：合成·性能·应用［M］．3版．北京：化学工业出版社，2019．

［81］蔡再生．纤维化学与物理［M］.2 版．北京：中国纺织出版社有限公司，2020.

［82］王革辉．服装材料学［M］.3 版．北京：中国纺织出版社有限公司，2020.

［83］丁志平，陆新华．精细化工概论［M］.4 版．北京：化学工业出版社，2020.

［84］李汝勤，宋钧才，黄新林．纤维和纺织品测试技术［M］.4 版．上海：东华大学出版社，2021.

［85］刘向东．高分子化学［M］.北京：化学工业出版社，2021.

［86］宗立新．涤棉混纺织物卷染一浴法工艺［J］.染整技术，2018（8）：24-26.

［87］宗立新．硫化染料的环保卷染工艺［J］.染整技术，2021（10）：29-32.